항공경비실무론

Aviation Security Guard

정태황·소대섭·박준혁

도서출판 진영사

항공경비실무론

정태황 · 소대섭 · 박준혁

2022년 02월 10일 초판 인쇄
2022년 02월 10일 초판 발행
발행인 박 진 영
발행처 도서출판 진영사
인천광역시 부평구 주부토로 236번지 인천테크노밸리 U1 지식산업센터 B동 1507호
전화 : 032)505-4207
팩스 : 032)505-4206
E-mail : 0183734207@hanmail.net
신고번호 : 제2007-000001호

ISBN 978-89-6541-568-8 93350
값 18,000원

본 교재는 교육부의 대학혁신지원사업 사업비를 받아 개발한 것입니다.

목 차

Chap. 1

항공 경비보안 규정

제1장 항공 경비보안 규정

제1절 항공보안 개요

1. 항공보안 정의

(1) 정의

항공보안법에서 항공보안(Aviation Security)이란 "공항시설, 항행안전시설 및 항공기 내에서의 불법행위를 방지하고 민간항공의 보안을 확보하는 것"이라고 정의하고 있으며, ICAO(국제민간항공기구) 부속서 17(Security) 제1장 용어정의에서 항공보안이란 "불법방해행위로부터 민간항공을 보호하기 위한 대책으로서 인적·물적 결합을 통해서 달성된다"라고 명시하고 있다.

(2) 항공보안 목적

가. 항공보안법 제1조(목적)에서 "「국제민간항공협약」 등 국제협약에 따라 공항시설, 항행안전시설 및 항공기 내에서의 불법행위를 방지하고 민간항공의 보안을 확보하기 위한 기준·절차 및 의무사항 등을 규정함을 목적으로 한다."라고 규정하고 있다.

나. ICAO 부속서 17(Security) 제2장 2.1(목표)에서 "체약국은 민간항공에 대한 불법방해행위로부터 민간항공의 보호와 모든 사항에 있어서 승객, 승무원, 지상운영요원 및 일반인의 안전을 주요 목표로 삼아야 한다"라고 명시하고 있다.

ICAO 부속서 17(Security)

다. 이를 위해 체약국은 항공기 운항 안전성, 정시성 및 효율성을 고려하여 불법행위로부터 민간항공을 보호하기 위한 규정, 관례, 절차를 수립하고 시행할 조직을 설립하여야 하며 항공보안 조직과 관련하여 규정, 관례 및 절차를 통해 다음과 같은 목적이 달성되도록 하여야 한다.

1) 민간항공에 대한 불법방해행위로부터 승객, 승무원, 지상근무자, 일반인의 안전을 확보
2) 민간항공에 대한 증가된 보안위협 상황발생시 신속한 대응

(3) 항공보안 적용

ICAO에서는 체약국은 국제민간항공 운영과 관련하여 ICAO 부속서 17(Security)에 규정된 표준지침(Standard)을 적용하여야 하고, 권고사항(Recommended Practices) 적용에도 노력하도록 규정하고 있다.

체약국은 국가기관에서 수행한 위협 평가에 근거하여 불법방해행위 대응을 위하여 수립된 보안대책을 실행 가능한 범위 내에서 국내선에도 적용되도록 하여야 한다.

(4) 불법방해행위

가. ICAO 부속서 17(Security) 제1장 용어정의 및 ICAO 보안지침서(Doc 8973) 제1장 용어정의에서 불법방해행위(Acts of Unlawful Interference)란 민간항공과 항공운송 안전을 위협하는 행위 또는 이를 시도하는 행위를 포함하고 있다.

ICAO Security Menual

1) 항공기 납치(불법억류)
2) 운항 중인 항공기 파괴
3) 기내 또는 공항에서 인질극
4) 항공기내, 공항 또는 항행시설에 대한 무단침입
5) 범죄를 저지를 목적으로 기내 또는 공항 내로 무기, 위험장치 또는 물품을 반입하는 행위
6) 사망 또는 중상에 이르게 하거나 재산 또는 환경에 심각한 피해를 입힐 목적

으로 운항중인 항공기를 사용하는 행위

7) 지상 또는 운항중인 항공기, 승객, 승무원, 지상근무자, 일반인의 안전을 위협하는 거짓 정보를 제공하는 행위

나. 항공보안법 제2조 제8호에서 정한 "불법방해행위"란 항공기의 안전운항을 저해할 우려가 있거나 운항을 불가능하게 하는 행위로서 다음 각 호의 행위를 말한다.

ICAO 홈페이지 화면(www.icao.int)

1) 지상에 있거나 운항중인 항공기를 납치하거나 납치를 시도하는 행위

2) 항공기 또는 공항에서 사람을 인질로 삼는 행위

3) 항공기, 공항 및 항행안전시설을 파괴하거나 손상시키는 행위

4) 항공기, 항행안전시설 및 제12조에 따른 보호구역에 무단 침입하거나 운영을 방해하는 행위

5) 범죄의 목적으로 항공기 또는 보호구역 내로 제21조에 따른 무기 등 위해물품을 반입하는 행위

6) 지상에 있거나 운항중인 항공기의 안전을 위협하는 거짓 정보를 제공하는 행위 또는 공항 및 공항시설 내에 있는 승객, 승무원, 지상근무자 안전을 위협

하는 거짓 정보를 제공하는 행위

7) 사람을 사상에 이르게 하거나 재산 또는 환경에 심각한 손상을 입힐 목적으로 항공기를 이용하는 행위

8) 그 밖에 이 법에 따라 처벌받는 행위

(5) 항공보안법에서 정한 국제협약 준수

항공보안법 제3조에서 민간항공의 보안을 위하여 이 법에서 규정하는 사항 외에는 다음 각 호의 국제협약에 따르도록 하고 있으며 국제협약 외에 항공보안에 관련된 다른 국제협약이 있는 경우에도 그 협약에 따르도록 규정하고 있다.

가. 「항공기 내에서 범한 범죄 및 기타 행위에 관한 협약」

나. 「항공기의 불법납치 억제를 위한 협약」

다. 「민간항공의 안전에 대한 불법적 행위의 억제를 위한 협약」

라. 「민간항공의 안전에 대한 불법적 행위의 억제를 위한 협약을 보충하는 국제민간항공에 사용되는 공항에서의 불법적 폭력행위의 억제를 위한 의정서」

마. 「가소성 폭약의 탐지를 위한 식별조치에 관한 협약」

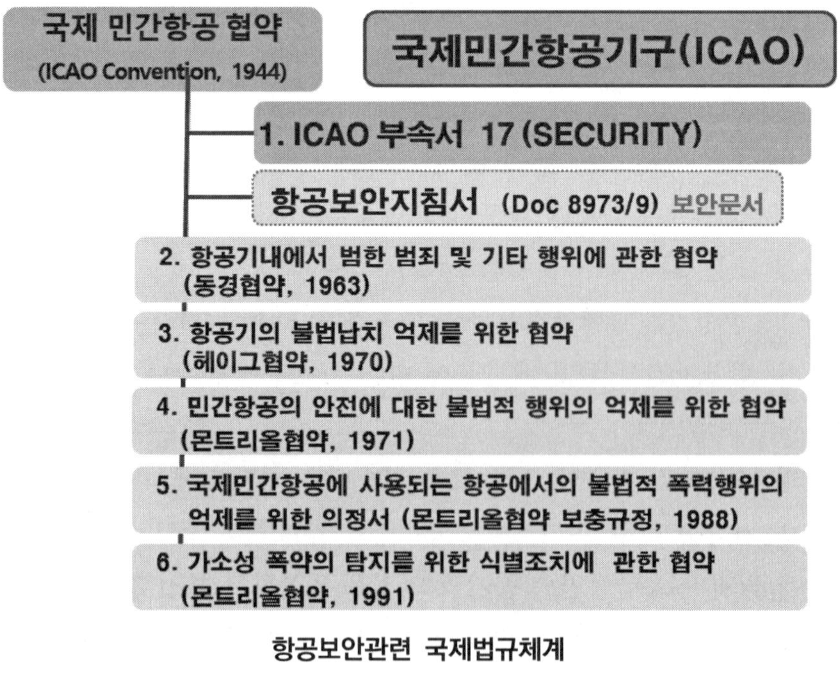

항공보안관련 국제법규체계

2. 항공보안법에서 정한 관련규정

(1) 공항시설 등의 보안

항공보안법에서 정한 항공경비보안 관련규정을 살펴보면 제3장 공항·항공기 등의 보안, 제11조에서 "공항운영자[1]는 공항시설과 항행안전시설에 대하여 보안에 필요한 조치를 하여야 한다."라고 명시되어 있다.

공항운영자는 보안검색이 완료된 승객과 완료되지 못한 승객 간의 접촉을 방지하기 위한 대책을 수립·시행하여야 하고 공항운영자는 보안검색을 거부하거나 무기·폭발물 또는 그 밖에 항공보안에 위협이 되는 물건을 휴대한 승객 등이 보안검색이 완료된 구역으로 진입하는 것을 방지하기 위한 대책을 수립·시행하여야 한다.

공항을 건설하거나 유지·보수를 하는 경우에 불법방해 행위로부터 사람 및 시설 등을 보호하기 위하여 준수하여야 할 세부 기준은 국토교통부장관이 정한 국토교통부 예규인 "공항건설 및 유지·보수에 관한 보안지침"을 시행하고 있다.

(2) 공항시설 보호구역의 지정

항공보안법 제12조에서 공항운영자는 보안검색이 완료된 구역, 활주로, 계류장(繫留場) 등 공항시설의 보호를 위하여 필요한 구역을 국토교통부장관의 승인을 받아 보호구역으로 지정하여야 하며, 공항운영자는 필요한 경우 국토교통부장관의 승인을 받아 임시로 보호구역을 지정할 수 있으며 보호구역의 지정기준 및 지정취소에 관하여 필요한 사항은 국토교통부령으로 정한다.라고 명시되어 있다.

(3) 보호구역에의 출입허가

가. 항공보안법에서 정한 규정

1) 항공보안법 제13조에서 다음 각 호의 어느 하나에 해당하는 사람은 공항운영자의 허가를 받아 보호구역에 출입할 수 있으며, 출입허가의 절차 등에 관하여 필요한 사항은 국토교통부령으로 정한다.

① 보호구역의 공항시설 등에서 상시적으로 업무를 수행하는 사람

---

1) "공항운영자"라 함은 공항을 운영하는 인천국제공항공사와 한국공항공사를 말한다.

② 공항 건설이나 공항시설의 유지 · 보수 등을 위하여 보호구역에서 업무를 수행할 필요가 있는 사람

③ 그 밖에 업무수행을 위하여 보호구역에 출입이 필요하다고 인정되는 사람

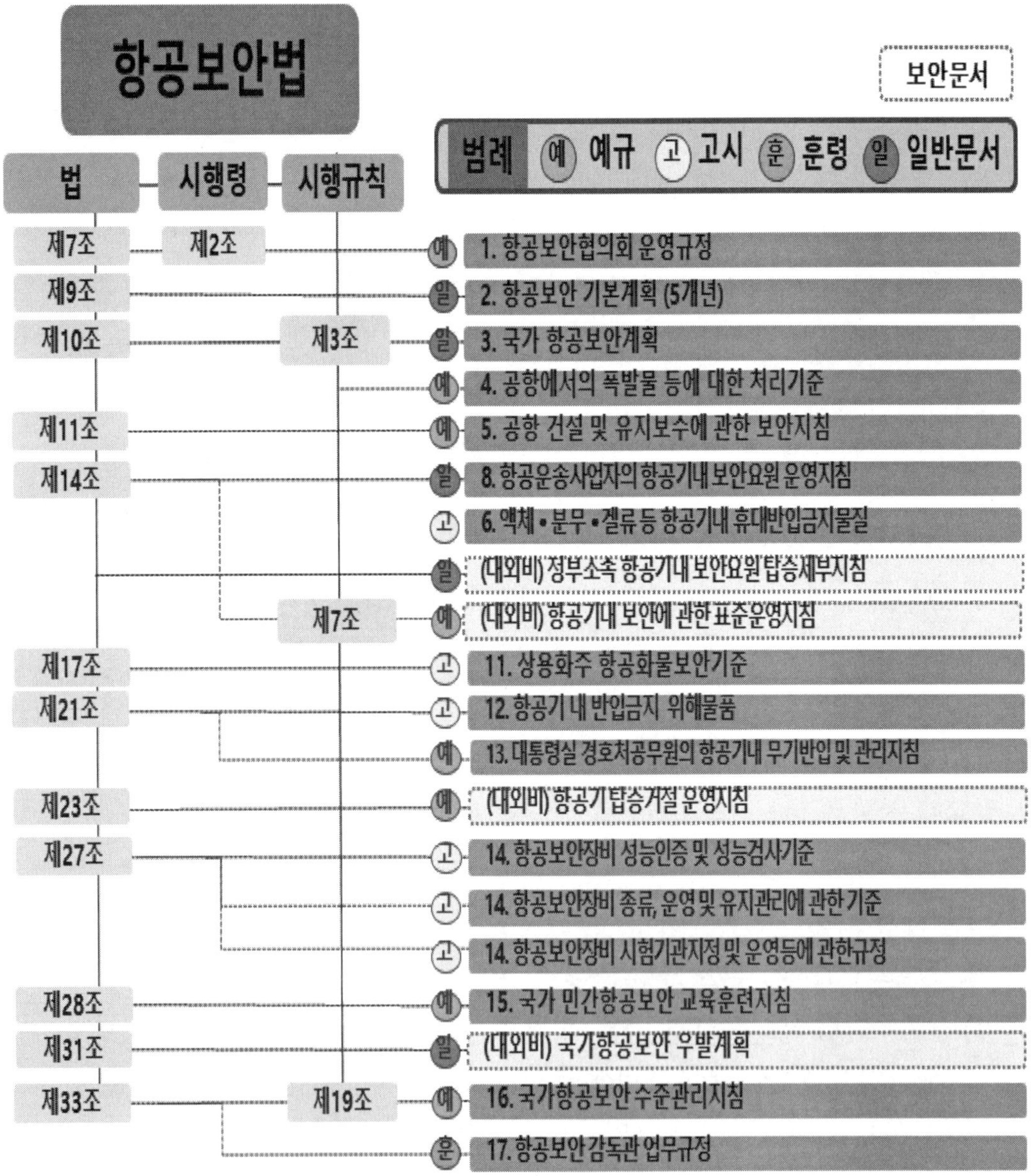

항공보안법 관련규정

나. 항공보안법 시행규칙에서 정한 보호구역 관련규정

1) 항공보안법 시행규칙 제4조 보호구역의 지정규정에서는 항공보안법 제12조 제1항에 따른 보호구역에는 다음 각 호의 지역이 포함되어야 한다.

① 보안검색이 완료된 구역

② 출입국심사장

③ 세관검사장

④ 관제탑 등 관제시설

⑤ 활주로 및 계류장(항공운송사업자가 관리 · 운영하는 정비시설에 부대하여 설치된 계류장은 제외한다)

⑥ 항행안전시설 설치지역

⑦ 화물청사

⑧ ④호~⑦호에 따른 지역의 부대지역

인천국제공항 전경사진

2) 항공보안법 시행규칙 제5조 보호구역 등의 지정승인 · 변경 및 취소 규정에서는 공항운영자는 항공보안법 제12조에 따라 보호구역 또는 임시보호구역의 지정승인을 받으려는 경우에는 다음 각 호의 서류를 첨부하여 지방항공청장

에게 제출하여야 한다.

① 보호구역 등의 지정목적

② 보호구역 등의 도면

③ 보호구역 등의 출입통제 대책

④ 지정기간(임시보호구역을 지정하는 경우만 해당)

3) 공항운영자는 지정된 보호구역 등의 변경승인을 받으려는 경우에는 다음 각 호의 서류를 첨부하여 지방항공청장에게 제출하여야 한다.

① 보호구역 등의 변경사유

② 변경하려는 해당 보호구역 등의 도면

③ 변경하려는 해당 보호구역 등의 출입통제 대책

4) 공항운영자는 지정된 보호구역등의 지정취소의 승인을 받으려는 경우에는 다음 각 호의 서류를 지방항공청장에게 제출하여야 한다.

① 보호구역등의 지정취소 사유

② 해당 보호구역등의 도면

다. 보호구역등에 대한 출입허가

1) 항공보안법 제6조 보호구역등에 대한 출입허가 등 규정에서는 항공보안법 제13조에 따라 보호구역등을 출입하려는 사람은 공항운영자가 정하는 출입허가신청서를 공항운영자에게 제출하여야 한다. 이 경우 차량을 운행하여 출입하려는 사람은 그 차량에 대하여 따로 차량출입허가신청서를 제출하여야 한다.

2) 공항운영자는 법 제13조제1항제1호에 따른 사람에게 보호구역등에 출입허가를 하려면 「보안업무규정」 제36조[2]에 따른 신원조사를 조사기관의 장에게

---

2) **보안업무규정 제36조(신원조사)** ① 국가정보원장은 제3조제2호에 해당하는 사람의 충성심 · 신뢰성 등을 확인하기 위하여 신원조사를 한다.
② 삭제
③ 관계기관의 장은 다음 각 호에 해당하는 사람에 대하여 국가정보원장에게 신원조사를 요청해야 한다.
1. 공무원 임용 예정자(국가안전보장에 한정된 국가 기밀을 취급하는 직위에 임용될 예정인 사람으로 한정한다)
2. 비밀취급 인가 예정자
3. 삭제
4. 국가보안시설 · 보호장비를 관리하는 기관 등의 장(해당 국가보안시설 등의 관리 업무를 수행하는 소속 직원을 포함한다)
5. 삭제

의뢰해야 한다.

3) 공항운영자는 보호구역등의 출입허가를 한 경우에는 신청인에게 공항운영자가 정하는 출입증 또는 차량출입증을 발급하여야 한다. 이 경우 공항운영자가 관할하지 않는 지역의 출입허가를 하려면 관할 행정기관의 장과 미리 협의하여야 한다.

4) 출입허가를 받은 사람이 보호구역등으로 출입하는 경우에는 출입증을 달아야 하며, 차량을 운행하여 출입하는 경우에는 해당 차량의 운전석 앞 유리창에도 차량출입증을 붙여야 한다.

5) 공항운영자 및 화물터미널운영자는 보호구역등을 출입하는 사람 또는 차량에 대하여 기록하고 이를 작성한 날로부터 1년 이상 보존하여야 한다.

6) 출입허가를 갱신하는 경우에 관하여는 1)항부터 5)항까지의 규정을 준용한다.

7) 이 규칙에 규정된 사항 외에 보호구역등의 출입허가 및 기록의 작성·보존 등에 필요한 세부사항은 공항운영자 및 화물터미널운영자가 정한다.

(4) 승객의 안전 및 항공기의 보안

가. 승객안전 및 항공기 보안조치

1) 항공보안법 제14조 승객의 안전 및 항공기의 보안 규정에서는 항공운송사업자는 승객의 안전 및 항공기의 보안을 위하여 필요한 조치를 하여야 한다.

2) 항공운송사업자는 승객이 탑승한 항공기를 운항하는 경우 항공기내보안요원을 탑승시켜야 한다.

3) 항공운송사업자는 국토교통부령으로 정하는 바에 따라 조종실 출입문의 보안을 강화하고 운항중에는 허가받지 아니한 사람의 조종실 출입을 통제하는 등 항공기에 대한 보안조치를 하여야 한다.

4) 항공운송사업자는 매 비행 전에 항공기에 대한 보안점검을 하여야 한다. 이 경우 보안점검에 관한 세부 사항은 국토교통부령으로 정한다.

5) 공항운영자 및 항공운송사업자는 액체, 겔(gel)류 등 국토교통부장관이 정하여 고시하는 항공기 내 반입금지 물질이 보안검색이 완료된 구역과 항공기

---

6. 그 밖에 다른 법령에서 정하는 사람이나 각급기관의 장이 국가안전보장을 위하여 필요하다고 인정하는 사람

내에 반입되지 아니하도록 조치하여야 한다.

6) 항공운송사업자 또는 항공기 소유자는 항공기의 보안을 위하여 필요한 경우에는 「청원경찰법」에 따른 청원경찰이나 「경비업법」에 따른 특수경비원으로 하여금 항공기의 경비를 담당하게 할 수 있다.

지상에서 조업 중인 항공기

나. 항공기 보안조치

1) 항공운송사업자는 항공보안법 제14조 제3항에 따라 여객기의 보안강화 등을 위하여 조종실 출입문에 다음 각 호의 보안조치를 하여야 한다.
   ① 조종실 출입통제 절차를 마련할 것
   ② 객실에서 조종실 출입문을 임의로 열 수 없는 견고한 잠금장치를 설치할 것
   ③ 조종실 출입문열쇠 보관방법을 정할 것
   ④ 운항중에는 조종실 출입문을 잠글 것
   ⑤ 국토교통부장관이 법 제32조[3]에 따라 보안조치한 항공보안시설을 설치할 것
2) 항공운송사업자는 법 제14조제4항에 따라 항공기의 보안을 위하여 매 비행 전에 다음 각 호의 보안점검을 하여야 한다.

3) **항공보안법 제32조(보안조치)** 국토교통부장관은 민간항공에 대한 위협에 신속한 대응이 필요한 경우에는 공항운영자등에 대하여 필요한 조치를 할 수 있다.

① 항공기의 외부 점검
② 객실, 좌석, 화장실, 조종실 및 승무원 휴게실 등에 대한 점검
③ 항공기의 정비 및 서비스 업무 감독
④ 항공기에 대한 출입 통제
⑤ 위탁수하물, 화물 및 물품 등의 선적 감독
⑥ 승무원 휴대물품에 대한 보안조치
⑦ 특정 직무수행자 및 항공기내 보안요원의 좌석 확인 및 보안조치

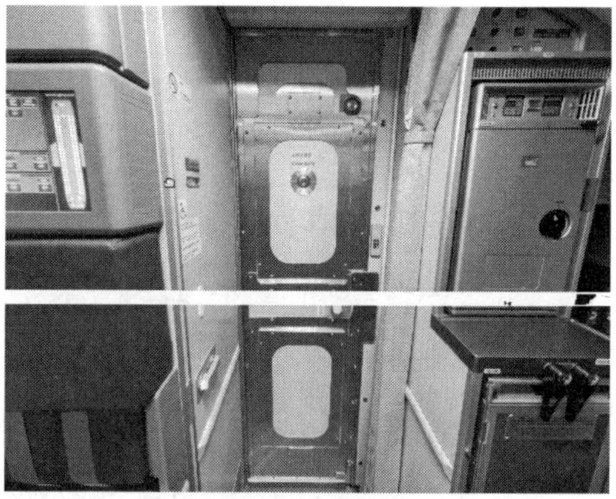

조종실 방탄출입문

⑧ 보안 통신신호 절차 및 방법
⑨ 유효 탑승권의 확인 및 항공기 탑승까지의 탑승과정에 있는 승객에 대한 감독
⑩ 기장의 객실승무원에 대한 통제, 명령 절차 및 확인

3) 항공운송사업자는 제2항 제4호에 따른 항공기에 대한 출입통제를 위하여 다음 각 호에 대한 대책을 수립하여야 한다.
① 탑승계단의 관리
② 탑승교 출입통제
③ 항공기 출입문 보안조치
④ 경비요원의 배치

(5) 생체정보 활용

가. 생체정보를 활용한 본인일치 여부확인

1) 항공보안법 제14조의2 생체정보를 활용한 본인 일치 여부 확인에서는 공항운영자 및 항공운송사업자는 다음 각 호의 어느 하나에 해당하는 목적에 한정하여 관계 행정기관이 보유하고 있는 얼굴 · 지문 · 홍채 및 손바닥 정맥 등 개인을 식별할 수 있는 신체적 특징에 관한 개인정보("생체정보"라 함)를 이용할 수 있다.

생체인식시스템

① 공항운영자: 보호구역으로 진입하는 사람에 대한 본인 일치 여부 확인

② 항공운송사업자: 탑승권을 발권, 수하물을 위탁하거나 항공기에 탑승하는 승객에 대한 본인 일치 여부 확인

2) 생체정보를 이용하려는 경우 공항운영자 및 항공운송사업자는 관계 행정기관에 생체정보 제공을 요청할 수 있으며, 행정기관은 정당한 이유 없이 그 요청을 거부하여서는 아니된다.

3) 공항운영자 및 항공운송사업자는 1)항 및 2)항에 따른 생체정보를 「개인정보 보호법[4]」에 따라 처리하여야 한다.

4) 1)항 및 2)항에 따른 생체정보를 활용한 본인 일치 여부 확인방법 및 생체정보의 보호 등에 필요한 사항은 대통령령으로 정한다.

5) 공항운영자 및 항공운송사업자는 본인 일치 여부가 확인된 사람의 생체정보를 대통령령으로 정하는 바에 따라 파기하여야 한다.

나. 항공보안법 시행규칙에서 정한 생체정보 관련규정

1) 항공보안법 시행규칙 제8조의2 항공기에 탑승하는 승객의 운송정보 제공 규정에서는 항공보안법 제15조제5항 전단에서 "항공기에 탑승하는 승객의 성명, 국적, 여권번호 등 국토교통부령으로 정하는 운송정보"란 다음 각 호의 운송정보를 말한다.

① 승객의 성명

② 승객의 국적 및 여권번호(국내선의 경우에는 승객식별번호)

③ 승객의 탑승 항공편명 및 운항 일시

2) 항공운송사업자는 항공기에 탑승하는 승객에게 탑승권을 발급하였을 때에는

4) "개인정보보호법"이란 개인의 자유와 권리를 보호하기 위해 제정되었으며, 2011. 3.29 제정되었으며 개인정보 처리와 보호에 관한 사항으로 전문 76조 및 부칙으로 구성되어 있으며, "개인정보"는 살아있는 개인에 관한 성명, 주민등록번호 및 영상 등을 통해 개인을 알아볼 수 있는 정보 등을 말한다.

법 제15조 제5항 전단에 따라 지체없이 제1항 각 호의 운송정보를 정보통신망을 통하여 공항운영자에게 제공하여야 한다. 이 경우 운송정보를 제공하는 정보통신망의 운영 등에 관한 세부사항은 항공운송사업자와 공항운영자가 협의하여 정한다.

자동발권시스템을 이용한 탑승권 발급

3) 공항운영자는 제2항 전단에 따라 제공받은 운송정보를 「개인정보 보호법」에 따라 관리하여야 하며, 제공받은 운송정보의 정보주체인 승객이 탑승한 항공기가 해당 공항을 이륙한 즉시 제공받은 운송정보를 폐기하여야 한다.
4) 항공보안법 시행규칙 8조의3 통과승객 또는 환승승객의 운송정보 제공 규정에서는 항공보안법 제17조 제4항에서 준용하는 법 제15조 제5항에 따라 항공운송사업자가 통과 승객 또는 환승 승객에 대한 운송정보를 공항운영자에게 제공하는 경우에는 항공보안법 시행규칙 제8조의2를 준용한다.

여객터미널 체크인카운터지역

제2절 공항건설에 관한 보안규정

(1) 목적

공항건설 및 유지·보수에 관한 보안지침은 「항공보안법」 제11조 제4항에 따라 공항을 건설하거나 유지·보수할 때 불법방해행위로부터 사람 및 시설 등을 보호하기 위하여 준수하여야 할 기준을 정함을 목적으로 한다.

(2) 적용범위

이 지침은 공항 건설 및 유지·보수 책임이 있는 공항운영자나 공항 이외의 지역에서 항공기 승객 탑승수속 시설을 설계하거나 운영하는 자에게 적용한다.

(3) 보호구역(Airside)

가. 항공기 이동지역 접근통제

1) 공항건설자 또는 공항운영자는 항공기 이동지역을 설계할 때 울타리(Fence), 접근금지 표지 및 센서가 설치된 장벽, 조명, 경보장치, 경비초소 등 이동지역을 보호하기 위한 시설을 반영하여야 한다.

2) 공항운영자 등은 지하 공동구 배관, 홍수 배수로, 하수구 및 터널 등 이동지역이나 보호구역으로 통할 수 있는 구조물의 경우 쇠창살 등으로 출입을 통제할 수 있도록 하여야 하며, 이동지역이나 보호구역의 출입문에는 출입통제에 필요한 시설을 갖추어야 한다.

이동지역에 주기중인 항공기

에어사이드지역 확장공사 중인 뉴욕공항

나. 이동지역의 위치

1) 공항운영자등은 활주로, 유도로 및 항공기 주기장 지역을 일반지역과 분리되도록 하여야 한다.

2) 공항운영자등은 특별한 보안시설을 필요로 하는 화물시설, 정비시설 및 급유시설 등을 이동지역 밖에 설치할 수 있다.

다. 출입구

1) 공항운영자등은 여객청사의 일반 개방구역에서 이동지역으로 통하는 출입문과 보안요원의 감시가 어려운 출입문에는 잠금장치나 경보장치를 설치하여야 한다.

2) 공항운영자등은 여객청사에서 이동지역으로 통하는 모든 비상출구에는 다음 각 호의 요건을 충족하는 출입통제 장치나 경보장치를 설치하여야 한다.

① 공항보안통제센터 및 종합상황실 등에서 감시가 가능할 것

② 비상시에 작동되는 비상 출입문 동작 스위치나 개폐손잡이에 비닐 커버를 씌우거나 깨질 수 있는 덮개를 장착하여 일반인들이 잘못 사용하는 것을 방지할 것

③ 최적의 보안시스템을 도입하기 위해 방화 관련 담당자와 협의할 것

상주직원이 출입하는 보호구역 출입초소

라. 이동지역 도로

1) 공항운영자는 이동지역의 도로에는 공항운영자에게 인가를 받은 사람과 차량만 통행하도록 하여야 한다.
2) 공항운영자는 이동지역 울타리 바로 안쪽의 순찰도로에 경비, 순찰 및 유지보수를 위한 차량이 이용하도록 하여야 한다.
3) 공항운영자등은 이동지역의 모든 도로에서 장애물 등으로 인하여 울타리가 차폐되지 않도록 하여야 한다.

마. 울타리 및 출입문

공항 보호구역 보호를 위한 보안울타리

1) 공항운영자등은 보호구역에서 일반구역으로 또는 일반구역에서 공항 보호구역으로 무단으로 진출입 하는 것을 방지하기 위하여 울타리 및 출입통제 장비를 설치하는 경우 다음 각 호를 고려하여야 한다.

① 건물이나 다른 고정구조물로 출입을 통제하는 경우에는 이를 울타리의 일부로 인정할 것

② 울타리를 가능한 한 직선으로 설치하되 여객청사와 다른 건물의 보안 경계선과 일직선을 유지할 것

③ 울타리는 충분히 높고 견고해야 하고, 철조망 등 오름방지 장치를 울타리 위쪽에 설치할 것

④ 울타리의 일부구간이 보호구역의 안전과 운영 편의를 위해 보안요건이 충족되지 않을 경우 감시 장비를 설치할 것

⑤ 울타리와 항공기 주기장 사이에는 충분한 거리를 유지할 것

⑥ 울타리의 밑쪽 끝 부분을 땅에 고정할 것

⑦ 울타리에 동일한 보안수준의 출입문을 설치할 것

⑧ 출입문은 밑으로 침입하는 것을 방지할 수 있도록 설계할 것

⑨ 이동지역으로 출입문 자동개폐기를 설치할 경우에는 일반지역으로부터 물체가 들어올 수 없는 장소에 설치할 것

⑩ 시계가 확보되지 않을 경우에는 출입문 양쪽 및 지상이나 울타리의 특정구간에 조명시설을 설치할 것

⑪ 이동지역으로 진입하는 사람 또는 차량의 출입을 통제하기 위한 통제소 및 차단기를 설치할 것

⑫ 보안요원이 배치된 출입문에는 차광시설을 설치할 것

인천국제공항 에어사이드 출입초소(차량진입/진출통로가 분리설치)

⑬ 출입문 통제소와 공항보안통제 부서에는 통신수단 및 경보장치를 설치할 것

바. 격리주기장

1) 공항운영자등은 불법방해행위 대상 항공기나 불법방해행위를 받을 것으로 예상되는 항공기를 격리하여 주기하는데 필요한 격리 주기장을 설계할 때 다음 각 호를 고려하여야 한다.

① 다른 항공기의 주기장, 건물, 공공지역 및 공항 울타리로부터 100미터 이상이 떨어지도록 할 것

② 항공기 급유관, 상수도관, 전선 및 통신선의 지하 공동시설 위에 설치하지 말 것

③ 폭발물 위협 상황에서 항공기로부터 제거된 화물, 우편물 및 비품에 대한 검색을 고려하여 선정할 것

④ 보안 당국으로부터 격리 주기장의 적절한 위치에 대한 정보를 수집할 것

사. 경항공기 주기장

1) 공항운영자등은 정기 운송용 항공기와 경항공기 주기장이 분리되도록 설계하여야 한다. 다만, 국토교통부장관의 승인을 받은 경우 그러하지 아니하다.

2) 공항운영자등은 경항공기 전용 유도로를 설계하여야 하며, 가급적 정기 운송용 항공기가 사용하는 주기장과 겹치지 않도록 하여야 한다.

아. 출발장 보안검색대

1) 공항운영자등은 공항 보호구역에 진입하기 전에 모든 사람을 검색할 수 있는 검색대를 설치하여야 한다.

2) 공항운영자등은 보안검색대를 설치할 경우 다음 각 호를 고려하여야 한다.

① 보안검색요원(필요시 법 집행관을 포함한다), 보안장비 검색테이블 및 수검색 등에 필요한 공간을 확보할 것

② 검색대에는 문형금속탐지기 및 X-ray 장비를 각 1대 이상 확보할 것

③ 재검색 및 몸 수색에 필요한 공간이나 보안검색 활동에 지장이 없을 정도의 공간을 확보할 것

④ 검색대의 넓이는 1회에 1명이 통과 가능할 것

⑤ 필요한 경우 검색대를 신속하게 확장할 수 있을 것

⑥ 문형금속탐지기는 장비의 성능을 저해할 수 있는 X-ray나 금속성 물체로부터 해당 장비 제작사의 설치지침서에 따른 거리를 유지할 것

⑦ 보안검색대를 무단으로 침입할 때 보안검색 완료지역이나 탑승구를 신속하게 봉쇄할 수 있을 것

3) 보안검색대의 형태와 위치는 다음 각 호를 고려하여야 한다.

① 승객들의 동선을 단순화하고 최소한의 보안요원으로 보안검색이 가능하도록 보안검색대의 형태, 위치 및 설치 대수를 충분히 검토한 후 설치할 것

② 보안검색대를 설치할 때 보안검색을 완료한 승객과 완료하지 않은 승객의 분리가 용이하도록 할 것

③ 담당자가 없을 때 보안검색장비 등이 파손되지 않도록 보호조치를 할 것

④ 금속탐지기는 다음 각 목의 장소가 아닌 곳에 설치할 것

㉠ 전기장을 발생시킬 수 있는 장소

㉡ 천장, 벽 및 바닥 등에 전자 회로가 설치된 장소

㉢ 철문 또는 승강기로부터 3미터 이내의 장소

㉣ 스피커로부터 1.2미터 이내의 장소

㉤ 수하물 카트, 지하철 및 중형 트럭 등에 의해 진동이 발생하는 장소

⑤ X-ray 장비는 다음 각 목을 고려하여 설치할 것

㉠ 건물의 전기시스템

㉡ 장비가 타 전원에 의하여도 작동되는지 여부

㉢ 기존의 전기 회로나 콘센트가 사용될 수 있는지 여부

㉣ 온도 조절 가능 여부

4) 공항운영자등은 보안검색대 인근에 개별 검색, 수검색, 그 밖의 특별 검색을 위한 별도의 검색실이 확보되도록 설계하여야 한다.

5) 공항운영자등은 보안장비를 설치할 때에는 보안요원이 원활하게 업무를 수행할 수 있는 공간을 확보하여야 한다.

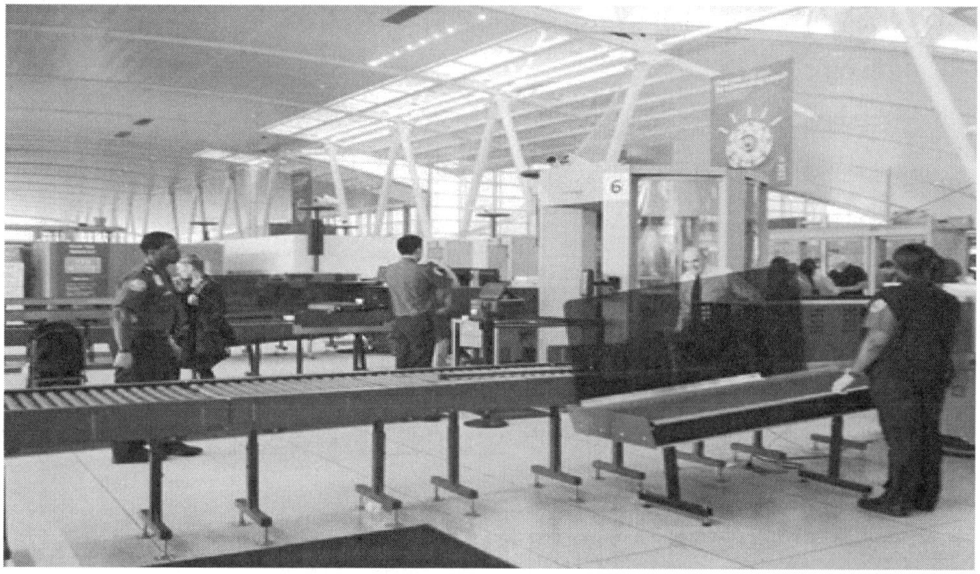

미국의 공항보안검색장

자. 보안검색 완료지역

1) 공항운영자등은 보안검색 완료지역으로 진입할 수 있는 모든 지점에 시건 장치를 설치하거나 출입을 통제할 수 있도록 하여야 한다.

2) 공항운영자등은 일반지역에서 보안검색 완료지역으로 검색이 완료되지 않은 물품이 반입되지 않도록 하여야 한다.
3) 공항운영자등은 공항시설을 설계하거나 보수할 때 탑승지역에서 검색을 완료한 사람과 검색을 완료하지 않은 사람이 접촉할 수 없도록 하여야 한다.
4) 공항운영자등은 보안검색 완료지역과 인접한 일반지역의 복도 및 발코니를 이용하여 위험물품이 보안검색 완료지역으로 반입되지 않도록 하여야 한다.
5) 공항운영자등은 보안검색 완료지역으로 연결되는 지역에 수동 회전문이나 자동 회전문을 설치할 경우 소방관련 법을 준수하여 설치하여야 한다.
6) 공항운영자등은 보안검색 완료지역에 출발승객과 도착승객이 섞이지 않도록 하여야 한다.

(4) 일반지역(Landside)

가. 여객청사 설계 및 유지보수

1) 공항운영자등이 여객청사를 설계하거나 유지보수하는 경우 다음 각 호를 고려하여야 한다.
   ① 승객과 수하물의 동선을 간단하고 명확하게 할 것
   ② 국내선 및 국제선, 환승 및 통과여객, 화물동선을 물리적으로 구분되도록 할 것
   ③ 승객 및 수하물의 동선이 모이는 곳에 보안검색대를 집중적으로 배치하여 보안검색대의 설치를 최소화할 것
   ④ 보호구역으로 출입이 가능한 출입초소를 최소화할 것
   ⑤ 항공기와 보안검색대 사이에 있는 모든 승객 출발지역을 반드시 보호구역으로 지정할 것
2) 공항운영자등은 여객청사를 설계할 때 비인가자의 접근을 방지하기 위하여 보호지역과 일반지역으로 구분하여야 한다.
3) 공항운영자등은 여객청사를 설계할 때 폭발물, 인화성 물질, 무기 등이 은닉되지 않도록 하여야 한다.
4) 공항운영자등은 폭발 피해의 최소화 방법에 대하여 건축 및 폭발물 전문가의 의견을 들어야 한다.

나. 발권구역

1) 공항운영자등은 항공운송사업자의 발권구역에 최소한의 좌석을 설치하여야 한다.
2) 공항운영자등은 탑승권 발급 전 항공운송사업자의 승객 인터뷰, 수하물에 대한 X-Ray 검사 및 수색에 필요한 공간을 확보하여야 한다.

다. 여객청사 전망대

1) "여객청사 전망대(전망대라 함)"를 운영하는 공항운영자는 승인받지 않은 사람이 전망대에서 이동지역으로 불법적으로 접근하는 것을 방지하여야 하며, 위험물품이 항공기 주기장이나 보안검색 완료지역으로 투척될 수 없도록 하여야 한다.
2) 공항운영자등이 야외 전망대를 설치할 경우 야외 전망대에서 이동지역으로 위험물품이 반입되지 않도록 하여야 한다.
3) 공항운영자는 전망대로의 접근을 통제할 수 있는 출입통제장치를 설치하여야 한다.

라. 여객청사 주차

1) 공항운영자등은 여객청사의 일반 승객용 주차장을 설계할 경우 폭발로 인한 사상 및 손실을 최소화하기 위하여 비인가 차량이 여객청사 지역으로부터 최소한 50미터 이상 떨어진 곳에 주차하도록 하여야 한다. 다만, 국토교통부장관의 승인을 받은 경우에는 그러하지 아니하다.
2) 공항운영자등은 보안 순찰 차량의 순찰에 필요한 공간을 확보하여야 한다.
3) 공항운영자등은 여객청사 앞 도로("커브사이드"라 함)에 승객이 하차하는 동안만 정차할 수 있다는 표지판을 설치하고, 일반 차량의 주차 지역이 버스나 택시의 주차지역과 구분되도록 하여야 한다.
4) 공항운영자등은 버스나 택시의 주차 위치가 커브사이드를 따라 승객의 탑승이나 하차 지역으로부터 멀리 떨어지도록 하여야 한다.
5) 공항운영자는 고도의 위협 시 승객의 탑승지역을 볼 수 있는 옥상 주차장이나 지하주차장에 대한 특별 보안대책을 수립하여야 한다.

인천국제공항 장기주차장과 주차빌딩

마. 공항 철도역의 위치

1) 공항운영자등은 공항에 철도, 외부나 지하 역에 교통수단이 연결되어 있는 경우 여객청사로부터 멀리 떨어져 위치하도록 하되, 도보로 접근이 가능하도록 하여야 한다.

바. 여객의 이동

1) 공항운영자등은 보안검색대에서 항공기 출입문까지 다음 각 호를 고려하여 승객의 이동 선을 설계하여야 한다.
   ① 출발 탑승동지역으로 연결되는 여러 지역의 모든 출입문은 보안문으로 설치되어야 하며, 보안문을 사용하지 않을 경우 출입을 통제할 수 있는 장치를 갖출 것
   ② 자동 출입통제시스템을 사용하는 경우 다음 각 목의 출입문과 출입구로 출입을 통제할 수 있을 것
      ㉠ 일반지역 출발탑승동 및 에어사이드 출입문
      ㉡ 출발대기실 출입문
      ㉢ 여객탑승교 출입문과 출구

③ 보호구역으로 통하는 비상출입문으로 출입을 통제할 수 있을 것
④ 출발대기실 칸막이를 천장에 닿게 하여 그 위로 물건을 넘길 수 없도록 할 것. 다만, 환기 목적 등으로 천장에 닿게 하지 못하는 경우에는 보호망을 설치할 것
⑤ 식당과 휴게실 지역에 고정된 튼튼한 창이 없는 경우 항공기 주기장을 볼 수 있는 공간을 설치하지 말 것

2) 공항운영자등은 국내선 및 국제선 승객의 동선을 분리하여야 하며, 국제선 출발대기실을 출입국관리지역이나 세관지역 뒤쪽에 위치하도록 하여야 한다.

사. 수하물 보관시설

1) 공항운영자등은 수하물 보관시설을 설치하는 경우 폭발 피해를 최소화 할 수 있는 폭탄 피해 방지 장벽을 설치하여야 한다.
2) 공항운영자는 수하물을 보관하기 전에 수검색이나 장비를 활용하여 보안검색을 하여야 한다.
3) 공항운영자등은 폭발물 위협을 받을 경우 물품 보관함을 쉽게 수색할 수 있도록 물품 보관함을 설계하여야 한다.
4) 공항운영자등은 수하물 접수시설 및 보관 시설을 설계할 때 불법적인 접근이 방지될 수 있도록 하여야 한다.
5) 공항운영자등은 수하물 처리 설비가 있는 시설을 설계하는 경우 보안 장비 설치가 가능하고, 전원 · 백업 전원 공급 및 불법방해행위를 통제할 수 있는 공간을 마련하여야 한다.
6) 공항운영자등은 수하물 분류시설의 위치 및 사양을 결정할 때 항공보안감독관과 협의하여야 한다.
7) 공항운영자등은 일반지역에서 이동지역으로 연결되는 수하물 컨베이어시스템을 통한 불법적인 접근을 통제할 수 있도록 하여야 한다.
8) 공항운영자는 잘못 분류된 수하물이나 주인 없는 수하물이 운송될 때까지 보관할 수 있는 시설과 보안 기준을 갖추어야 한다.

아. 여객청사 외의 지역에서 탑승수속

1) 여객청사 외의 지역에서 탑승수속 시설을 운영하는 자나 탑승수속 시설을 설계하는 자는 수하물 및 꼬리표를 안전하게 관리할 수 있도록 하여야 한다.

도심공항터미널

2) 여객청사 외의 지역에서 탑승수속 시설을 운영하는 자는 수하물 접수시설을 외부와 연계시켜 사용하는 경우 보안경비 등 적절한 조치를 취하여야 한다.

3) 여객청사 외의 지역에서 탑승수속 시설을 운영하는 자나 탑승수속 시설을 설계하는 자는 많은 사람들을 수용할 수 있도록 시설을 갖추어야 한다.

자. 화물 및 우편처리 시설

1) 공항운영자등은 화물 및 우편물 처리 시설이 일반지역과 이동지역 경계에 일부분으로 포함되어 있을 경우 화물청사를 통한 이동지역으로의 불법적인 접근을 통제할 수 있도록 하여야 한다.

공항 화물터미널 내부

2) 공항운영자등은 화물 시설지역의 출입문을 사용하지 않을 경우 출입을 통제할 수 있는 장치를 하여야 한다.

3) 공항운영자등은 보안통제를 할 수 있는 장소에 직원들이 사용하는 출입문과 화물청사로 연결되는 출입문을 설치하여야 한다.

차. 보안 지원 시설

1) 공항운영자등은 항공보안감독관 등의 사무실이 여객청사와 근접한 곳에 위치하도록 하여야 하며, 사무실에는 업무용 전화, 무선통신기, 그 밖에 보안활동에 필요한 사무장비를 갖추도록 하여야 한다.
2) 공항운영자등은 항공보안감독관 등의 사무실이 주차장을 통하여 접근이 용이한 곳에 위치하도록 하여야 한다.
3) 공항운영자등은 보안 요원이 외곽 초소에서 근무할 경우 보안업무 수행에 지장이 없도록 여러 자연 현상으로부터 보호될 수 있도록 하여야 한다.
4) 공항운영자등은 폭발물탐지반의 지원을 받는 공항의 경우 폭발물탐지반이 원활하게 활동할 수 있는 시설 및 공간이 확보될 수 있도록 하여야 한다.

카. 공항 비상운영센터

1) 공항운영자등은 공항을 설계할 때 가능한 공항비상운영센터를 설치하여야 한다.
2) 비상운영센터는 특정한 상황에 대한 지휘, 통제지점의 중앙에 위치하며, 항공기 피랍, 인질대치나 항공기 재난 등의 위기 상황 발생 시 공항 위기관리팀을 지원하여야 한다.

공항비상운영센터

3) 공항운영자는 비상운영센터를 설치할 수 없는 경우 비상운영센터의 업무수행 장소를 따로 지정하여야 한다.
4) 공항운영자등은 비상운영센터의 위치를 정하는 경우 다음 각 호를 고려하여야 한다.
   ① 통신 능력, 편리성, 보안, 설치시설, 접근용이성
   ② 이전이 필요할 경우 그 위치
   ③ 접근을 통제할 수 있고, 외부의 지원 요원 및 장비의 접근이 가능할 것
   ④ 위기관리팀이 불필요하게 방해를 받지 않을 것

⑤ 이동지역 관찰이 가능하고, 폐쇄회로 텔레비전(CCTV)을 사용하기 용이할 것

5) 공항운영자등은 비상운영센터에 주요 결정권자 및 협상자 등의 지원에 필요한 공간을 확보하여야 한다.

6) 공항운영자등은 비상운영센터를 설계할 때 다음 각 호를 고려하여야 한다.

① 무중단 전원 공급

② 비상운영센터로 사람 및 장비 운송이 가능하도록 차량 접근을 허용할 것

③ 지원차량 및 운영 요원용 주차시설을 갖출 것

④ 방음시설을 갖출 것

타. 보안운영센터

1) 공항운영자등은 보안운영센터를 설계할 때 비상운영센터와 불법방해행위 진압 부서 인근에 위치하도록 하여야 한다.

2) 공항운영자등은 공항보안시스템에 장치된 감지장치에서 경보가 발생할 경우 보안운영센터에 통보되도록 하여야 한다.

공항보안운영센터

3) 공항운영자등은 보안운영센터에 다중 컨솔 비디오 디스플레이, 모니터, 통제장치, 전화·인터콤·무선통신장비 등 통신망 등을 설치하여야 한다.

4) 공항운영자등은 보안운영센터에 보안지역 정의, 감지장비 사양, 공항배치도 등 업무 수행에 필요한 자료 등을 구비하여야 한다.

5) 공항운영자등은 보안운영센터에 다음 각 호의 통신기능을 통합할 수 있다.

① 공공 안내 방송 및 호출 시스템

② 공항 경찰 및 보안 관련 사무실

③ 화재경보 감시

④ 일반지역 및 터미널 운영센터

⑤ 화물 등 접수소
⑥ 출입증 발급소
⑦ 유지보수 부서
⑧ 비상운영센터
⑨ 비행정보실
⑩ 관제탑, 항공사, 공항의무실과의 직통 전화
⑪ 비상사태 대응을 위한 자동 비상 연락 가동 시스템
⑫ 언론 기자 회견실(상업 방송테이프를 볼 수 있는 시설을 포함한다)

파. 귀빈실

1) 공항운영자등은 귀빈실을 설계할 때 보안통제가 용이한 지역에 위치하도록 하며, 이동지역이나 그 밖의 보호구역으로 불법적인 접근이 방지되도록 하여야 한다.

공항 귀빈실 내부

하. 관제탑, 변전소, 연료저장소 등 주요 시설

1) 공항운영자등은 주요 시설의 경우 출입문을 설치하여 출입을 통제할 수 있도록 하여야 한다.
2) 공항운영자등은 주요시설로 통하는 창문에는 보강철이나 고정물을 설치하여야 한다.
3) 공항운영자등은 주요시설에 불법적인 접근이 방지되도록 설계하여야 한다.
4) 공항운영자등은 전화통신실 및 장비실에 대한 보안사항을 고려하여 설계하여야 한다.
5) 공항운영자는 경비가 없는 주요시설을 수시로 순찰하여야 하며, 창문 및 출입구에는 침입자 감지시스템을 설치하여야 한다.

6) 공항운영자등은 여객청사 설계 시 유리제품 등을 사용할 경우 가능한 용도에 적합한 재료를 사용하여야 한다.
7) 공항운영자등은 보안조치가 필요한 구역에는 접근을 통제할 수 있는 시설을 설치하여야 한다.

거. 전원

1) 공항운영자등은 전력 공급이 중단되거나 방해될 경우 보안 및 비상 출입구 시스템의 안전성을 확보할 수 있도록 설계하여야 하고, 항공안전보안장비 인근에 고압 전력이 흐르는 경우 장비 앞에 전류조정기를 설치하며, 항공안전보안장비와 보안통제시스템이 설치된 장소에는 습도 및 온도조절이 가능한 장비를 설치하여야 한다.

너. 보안등

1) 공항운영자등이 공항 등에 보안등을 설치하는 경우 다음 각 호의 기준에 따른다.
   ① 침입자가 목표물에 도달하기 전에 경비요원이 발견할 수 있을 것
   ② 침입자로부터 경비요원을 은폐할 수 있을 것
   ③ 침입자 저지 또는 그들의 목적수행을 저지할 수 있을 것
   ④ 보안등 인근에 CCTV를 설치하는 경우 보안요원에게 깨끗한 화면을 제공할 수 있을 정도로 조명이 밝을 것

망루초소와 보안등

더. 폐쇄회로 텔레비전(CCTV)

1) 공항운영자등은 외곽울타리 경보 감시, 장비 감시 또는 출입구역 감시와 같은 특정지점 정밀감시 등을 위하여 폐쇄회로 텔레비전(CCTV)을 설치할 수 있다.
2) 공항운영자등은 제1항에 따른 폐쇄회로 텔레비전(CCTV)의 비디오테이프의 경우 한 릴(reel)당 300시간까지만 녹화할 수 있고, 보안사고 등이 발생한 경

우 사고조사가 완료될 때까지 해당 비디오테이프를 다시 사용할 수 없으며, 디지털 녹화방식을 채택할 경우 사고조사가 완료될 때까지 녹화영상을 보관하여야 한다.

공항 여객터미널에 설치된 CCTV

여객터미널 출국보안검색장에 설치된 CCTV

제3절 국가항공보안계획 관련규정

1. 개요

(1) 국가항공보안계획 제7장 공항 · 항공기 · 항행안전시설 등 보호에서는 다음과 목차로 규정하고 있다.

가) 보호구역 지정

나) 보호구역 보호

다) 보호구역 출입통제

라) 사람에 대한 출입통제

마) 차량에 대한 출입통제

바) 항공기 보안

사) 항행안전 시설 등

아) 보호구역이 아닌 항공기 정비시설 보안통제 대책

2. 보호구역 지정

(1) 공항운영자는 보호구역을 지정하고자 하는 경우에는 지방항공청장의 승인을 받아야 한다.

(2) 공항운영자는 보호구역 출입에 관한 규정을 수립하여야 한다.

(3) 공항운영자는 공항경계 외곽에 다음 시설이 위치할 경우 이를 보호구역으로 지정하여야 한다. 이 경우 해당 시설의 운영자는 보호구역 지정을 공항운영자에게 요청하여야 한다.

가) 관제탑 및 레이다 지역

나) 항행안전시설지역(ILS, VOR, NDB)

다) 초단파(VHF) 지상공중 안테나

라) 항공기상 관측 시설

마) 화물청사

3. 보호구역 보호

하늘에서 본 인천국제공항

(1) 공항운영자는 보호구역을 일반지역으로부터 분리하여야 하며, 보호구역에 대한 보안통제대책을 수립하여야 한다.

(2) 공항운영자는 일반지역과 보호구역 간의 경계가 구분될 수 있도록 보안울타리 또는 장벽을 설치하여야 하며, 보호구역 안의 보안울타리 또는 장벽을 정상적인 상태로 유지하여야 한다.

(3) 공항운영자는 보호구역 안으로 진입할 수 있는 출입구를 설치하여야 하며, 출입구에는 물리적 방어 기능을 갖춘 장벽 또는 이와 유사한 시설물을 설치하여야 한다.

(4) 공항운영자는 출입구에 관계자 외에는 출입을 제한 한다는 출입통제 표지판을 설치하여야 한다.

(5) 보호구역 출입통로 지역은 경비원을 배치할 수 있는 초소 · 출입통제 시스템 또는 시건장치 등으로 보호하여야 한다.

(6) 공항운영자는 순찰업무와 불순분자의 침입 방지를 위해 장벽 양쪽의 개방지역 및 공항내부 울타리 지역에 순찰로를 설치하여야 한다. 또한, 공항 내부로의 침입 또는 외부로의 도주 방지를 위하여 보안 시설물을 설치 · 관리하여야 하고, 울타리 인접 지역의 월담 보조물을 정비하여야 한다.

(7) 공항운영자는 보호구역 내의 계류장 · 외곽 울타리 · 활주로 · 유도로 근처를 시간 · 경로 · 절차 등을 변경하여 지속적으로 순찰하여야 한다.

(8) 공항운영자는 탑승교의 모든 출입문에 잠금장치를 설치하여야 하며, 항공기가 탑승교에 주기되어 있지 않을 때에는 비인가자가 탑승교 안으로 진입할 수 없도록 대책을 수립하여야 한다.

(9) 공항운영자 또는 공항 외부에 위치한 민간항공 운영 필수시설 운영자는 비인가자의 고의적 · 계획적인 진입을 방지하기 위해 보호구역과 유사한 보안통제대책을 수립하여야 한다.

(10) 공항운영자는 항공기 주기장 및 공항 외곽의 취약지역에 조명시설을 설치하여야 하며, 야간에 항공기가 주기된 장소에는 조명시설을 점등하여야 한다.

(11) 공항운영자는 공항운영자 이외의 다른 조직이 해당 시설을 운영할 경우 공항보호구역 출입통제 시스템과 유사한 보호대책을 마련하도록 해당 기관 또는 업체의 장에게 요구할 수 있으며, 요구를 받은 기관 또는 업체는 적극 협조하여야 한다.

4. 보호구역 출입통제

(1) 공항운영자는 자체 보안계획에 따라 보호구역으로 진입하려는 사람 · 차량 · 장비 · 물품에 대해 출입통제, 신원확인 및 보안검색 등을 실시하여야 한다.

(2) 공항운영자는 보안검색을 거부하는 사람 또는 휴대물품에 대해 보호구역 진입을 금지시켜야 한다.

보호구역 출입통제를 위한 출입초소

(3) 공항운영자는 다음의 사람에 대해 지정된 보호구역 출입을 허가하여야 한다.

가. 다음 각 호에서 정하는 서류와 항공운송사업자가 발행한 해당 탑승객 이름이 기재된 유효한 탑승권을 소지한 승객, 모바일탑승권 또는 그 사본(화면캡처)을 소지한 승객

1) 별표 1에서 정한 유효 신분증

2) 해당 국가에서 신분을 보증하는 문서 또는 국제연합(UN) 통행허가증 등 적법한 여행서류

나. 항공기 운항을 목적으로 해당 항공사 제복을 착용하고 신분증(사원증 또는 승무원 등록증)을 패용한 항공사 승무원. 다만, 신분증 분실 등의 경우에는 재직증명서와 국가에서 발행한 신분증을 함께 제시

다. 공항운영자가 발행한 보호구역 출입증을 소지한 사람. 다만, 항공기 사고·테러·인명구조 등 긴급 상황시 사전 출입조치에 따라 한시적으로 출입증을 소지하지 않은 사람과 차량을 출입시킬 수 있으며, 세부적인 사항은 공항운영자가 정한다.

라. 항공기 운항 중 수행하는 항공보안 노선점검과 조종실 관찰 좌석에서의 항공안전감독 또는 운항자격심사 목적에 한하여 해당분야 감독관·심사관증을 소지하고, 국토교통부장관이 발행한 항공기 출입요구서를 소지한 공무원

(4) 공항운영자가 발급하는 출입증의 종류는 정규 출입증(사람 · 차량), 임시 출입증(사람 · 차량), 방문증(또는 순찰증)으로 한다.

(5) 공항운영자는 다음 사항을 포함한 출입증 제작 · 발급 및 관리에 관한 자체 규정을 수립 · 시행하여야 한다.

가. 출입증 발급 · 회수 절차

나. 출입증 유효기간

다. 출입증 위 · 변조 방지대책

라. 출입증 분실 · 도난시 조치사항

마. 출입증 분실자 및 출입절차 위반자에 대한 제재 조치

바. 보호구역 출입자의 준수사항

사. 출입증 반납 요건

아. 특이자에 대한 보호구역 출입증 발급 방법

자. 출입증 관리기록에 관한 사항 등

(6) 공항운영자는 공항 상주기관 및 상주업체 직원에 한하여 출입증을 발급하여야 하며, 비상주직원 등에게 출입증을 발급하는 경우에는 출입 사유가 합당한지를 충분히 검토한 후 발급하여야 한다. 다만, 공항 안에 민자유치 시설이 있는 경우 민자시설주와 사용계약을 체결한 업체에 대하여도 출입증을 발급할 수 있다.

(7) 공항운영자는 출입증을 발급하기 전에 출입증 소지자의 책임 등에 대한 교육을 실시하여야 한다. 다만, 출입증에 대한 교육을 관련 업체에 일부 위탁할 수 있다.

(8) 공항운영자는 출입허가를 받아 보호구역으로 진입하는 차량과 탑재된 물건에 대해 위험평가 결과에 따라 보안검색을 실시하여야 한다.

(9) 공항운영자는 기존에 발행한 출입증에 대하여 업무상 출입이 불필요하다고 인정되는 사람과 출입실적이 극히 저조한 사람에 대하여는 출입증을 회수하거나 출입구역을 축소할 수 있으며, 출입구역 변경 사유가 발생한 경우에는 출입구역을 변경하여 재발급할 수 있다.

(10) 공항운영자는 업무 이외의 목적으로 출입증을 사용하거나 불법 대여 등의 사실이 확인된 경우에는 출입증을 회수하거나 관련자에 대한 조치 등을 요구할 수 있다.

5. 사람에 대한 출입통제

(1) 공항운영자는 자체 보안계획에 규정된 보호구역 출입 절차에 따라 직원들의 보호구역 진입을 허용하여야 한다.

(2) 공항운영자는 보호구역을 세부 구역으로 구분하여야 하며, 구역별로 출입이 필요한 직원에 한하여 자체 보안계획에 규정된 보호구역 출입절차에 따라 이를 허용하여야 한다.

(3) 공항운영자는 정규 출입증(사람)에 다음 사항을 표시하여야 한다. 다만, 가에서 사까지의 사항은 출입증 전면에 기재하여야 한다.

가. 본인임을 확인할 수 있는 사진

나. 유효기간

다. 출입 허가지역

라. 소지자 성명

마. 공항명 또는 공항 로고

바. 소속 기관명

사. 발행 일련번호

아. 출입증 소지자 준수사항

인원 정규출입증 양식

(4) 공항운영자는 출입증 유효기간이 2년을 초과하지 않도록 하여야 하며, 출입증이 플라스틱 재질의 전자칩 또는 생체인식시스템(지문인식시스템, 안면인식시스템 등)을 활용한 출입통제 시스템이 설치된 경우 공항의 특성에 맞도록 유효기간을 정하되 5년을 초과하지 않도록 하여야 한다. 다만, 발급된 출입증 중에 5%이상 분실 또는 훼손되었을 경우 지체 없이 출입증 일제 갱신 또는 비표 부착 등의 조치를 하

여야 한다.

(5) 정규 출입증 발급은 기관의 장 또는 업체의 장(기관 또는 업체의 장이 지정하는 출입증 관리책임자를 포함한다)이 공항운영자에게 신청하여야 하며, 출입증 발급 신청시 보호구역 출입 목적 · 구역 등을 포함하여야 한다.

(6) 공항운영자는 정규 출입증 발급 및 갱신 신청을 받은 경우 신청자에 대한 신원조사를 반드시 의뢰하여 그 결과를 확인하여야 한다. 다만, 국가공무원 및 외교관은 예외로 할 수 있다.

(7) 공항운영자는 신원조사를 거쳐 정규출입증을 발급받은 자가 1년 이내에 다른 공항의 정규출입증을 발급받고자 하는 경우 7.4.6에도 불구하고 다른 공항에서 기 실시한 신원조사 결과 확인 후 정규출입증을 발급 할 수 있다

(8) 신원조사 결과 다음 사항에 해당하는 사람에게는 출입증을 발급하여서는 아니된다. 다만, 출입증 발급에 관한 위원회 또는 협의회에서 심사를 거쳐 발급기준을 따로 정한 경우에는 그에 따른다.

가. 항공보안법, 관세법, 출입국관리법을 위반하여 금고 이상의 형을 선고받고 그 집행이 종료되거나 집행을 받지 아니하기로 확정된 후 2년을 경과하지 아니한 사람

나. 항공보안법, 관세법, 출입국관리법을 위반하여 금고이상의 형을 선고유예 받은 경우 그 선고유예 기간 중에 있는 사람

(9) 공항운영자는 공항상주 보안기관의 장이 임시 출입증 대여를 문서로 요청한 경우 최소한의 범위내에서 대여할 수 있다.

(10) 임시 출입증을 대여받은 공항상주 보안기관의 장은 업무 목적에 한하여 임시 출입증을 사용하여야 한다.

(11) 공항운영자는 임시 출입증 또는 방문증 소지자가 공항 보호구역으로 진입하

려는 경우 다음 사항을 확인하여야 한다.

가. 정규 출입증 소지자의 인솔하에 출입. 다만, 외교관 등 특히 필요한 경우 공항운영자가 별도 규정

나. 해당 구역 출입 목적이 명시된 공문 또는 허가서 소지(전자적인 방법 포함)

(12) 공항운영자는 출입증 소지자가 보호구역으로 진입하거나 보호구역 안에 있는 경우 항상 의복 외부의 잘 보이는 곳에 출입증을 패용하도록 하는 사항을 출입증 제작 · 발급 및 관리에 관한 자체 규정에 포함하여야 한다.

6. 차량에 대한 출입통제

(1) 공항운영자는 공항시설 보호와 보안 유지를 위하여 보호구역으로 진입하는 차량에 대한 출입 허가증 발급을 최소화 하여야 한다.

(2) 공항운영자는 정규 · 임시 출입 허가차량 허가증에는 다음 사항을 표시하여야 한다.

가. 차량 등록번호

나. 차량 소유주 및 소속명

다. 출입허가 지역

라. 유효기간

마. 발행 일련번호

바. 공항명 또는 공항 로고

차량 정규출입증 양식

(3) 공항운영자는 허가차량 출입허가 유효기간이 1년을 초과하지 않도록 하여야 한다. 다만, 전자칩을 활용한 차량출입통제시스템이 설치된 경우 공항특성에 맞도록 유효기간을 정하되 3년을 초과하지 않도록 하여야 한다.

(4) 보호구역내 출입을 신청하고자 하는 기관의 장 또는 업체의 장(기관 또는 업체의 장이 지정하는 출입증 관리책임자를 포함한다)이 공항운영자에게 차량 출입허가를 신청하여야 하며, 출입증 신청 시에는 출입목적 · 구역 등을 포함하여야

한다.

(5) 차량 운전자는 차량 출입증을 항상 식별이 용이한 차량 전면에 부착하여야 하며, 공항 운영자가 실시하는 차량 검색에 적극 협조하여야 한다.

(6) 공항운영자는 운전자의 해당 차량 운전자격 여부를 확인하여야 하며, 운전자는 공항운영자가 정하는 안전지침을 준수하여야 한다.

(7) 공항운영자가 발급한 차량 출입증은 양도할 수 없다.

(8) 보호구역 출입통제 요원은 허가 차량을 통해 출입하는 운전자 및 동승자, 출입자의 개인 소지품 및 휴대물품에 대한 검색을 별도로 실시하여야 한다.

(9) 공항운영자는 보호구역 진입허가 차량에 대한 검색을 부록 4에 따라 실시하여야 하며, 검색기준에 대한 적용은 「국가항공보안 우발계획」에 따른 항공보안등급에 따른다.

(10) 공항운영자는 보호구역 진입 허가 차량에 대해서 보안강화 제고 측면에서 필요한 경우 관할 공항보안기관 등과의 협의를 거쳐 허가차량의 보호구역으로의 진입 제한을 위한 단계별 수요관리(차량 10부제 등) 방안을 수립 · 시행할 수 있다. 다만, 이 경우 공항운영자는 보호구역내에서 상주직원 출 · 퇴근을 위한 수송대책을 유관기관/업체와 협의하여 수립 · 시행하여야 한다.

(11) 공항운영자는 공항보안등급 상향(경계이상)으로 차량 보안검색이 강화될 경우 출 · 퇴근 시간 등 첨두시간에는 검색 인력 등을 추가 배치하여 운영하여야 한다.

7. 항공기 보안

(1) 국토교통부장관은 항공운송사업자 소속 항공기내보안요원의 자격기준, 무기조작, 범인제압 및 교육훈련 등에 관한 운영지침을 수립하여야 하고, 항공운송사

업자는 이 지침에 따라 다음 사항을 포함한 자체 세부 운영지침을 수립 · 시행하여야 한다.

가. 탑재 무기 선정 기준

나. 기내 무기 보관

다. 기내 무기 인계 · 인수

라. 기내 무기 사용 등 불법방해행위 발생 시 위협수준별 대응 기준

마. 항공기 내에서 「항공보안법」 등에서 규정한 불법방해행위를 범한 범인의 경찰관서에의 인도

(2) 항공운송사업자는 항공기 보안에 대한 책임이 있으며, 보호구역 뿐만 아니라 보호구역 외의 지역에서도 항공기 보안 확보를 위한 대책을 자체 보안계획에 포함하여 수립하여야 한다.

(3) 항공운송사업자는 주기 중인 항공기 보호를 위하여 다음 사항을 준수하여야 한다.

가. 항공기가 공항에 도착한 때에는 모든 승객(통과 및 환승 승객 포함)이 항공기내에 어떠한 물건도 남겨두고 내리지 않도록 하여야 한다. 다만, 수상한 물품이 발견된 경우 즉시 공항상주 보안기관 또는 경찰에 통보한 후 기내 보안점검을 실시한다.

공항에 주기중인 항공기

나. 야간에 항공기를 주기하거나 주간에 5시간 이상 주기가 예상되는 경우 비인가자가 항공기에 접근하거나 항공기 안으로 진입할 수 없도록 대책을 수립하여야 한다.

다. 주기된 항공기에 대한 출입통제를 위하여 「항공보안법 시행규칙」 제7조 제3

항에 따른 대책을 수립하여야 한다.

라. 탑승교 또는 탑승계단과 접속한 상태로 주기중인 항공기의 출입문을 잠그지 아니한 경우 비인가자가 항공기 안으로 진입하지 못하도록 필요한 조치를 하여야 한다.

마. 항공기에 대한 위협이 증가할 경우 항공기 출입문에 봉인조치를 하거나 경비원을 배치하여야 하며 경비원을 배치할 수 없는 경우 이를 대체할 보안대책을 수립하여야 한다.

바. 체약국이 자국으로 운항하는 항공기에 대해 주기하는 동안 경비를 요구하는 경우 경비원 등을 배치하여야 한다.

(4) 항공운송사업자는 보호되지 않은 항공기 또는 불법방해행위 발생에 대비하여 항공기 출발 전 비인가자의 침입 및 위해물품의 탑재 여부 등을 점검하는 항공기내 점검 또는 수색절차를 수립하여야 하고, 다음 사항을 포함한 위험평가에 따라 항공기 출발 전 항공기에 대한 보안점검 또는 수색 여부를 결정하여야 한다. 이 경우 항공운송사업자는 「국가항공보안 우발계획」에 따라 항공기 보안점검 또는 수색 여부 결정을 위한 위험관리 방법을 자체 우발계획에 포함하여야 한다.

가. 항공기 주기 시간

나. 항공기 주기장 위치

다. 항공기 출발지

라. 항공기 목적지

마. 그 밖에 항공기 보안에 영향을 줄 수 있는 사항

항공기에 접현중인 탑승교와 지상조업용 계단

(5) 항공운송사업자는 항공기에 대한 보안점검 및 수색을 하는 경우 자체 보안계획에서 정한 보안점검표를 비치 · 사용하여야 하며, 보안점검표에는 다음 사항을 포함하여야 한다.

가. 조종실, 객실, 화장실, 주방, 화물칸 등 항공기 점검 구역

나. 항공기 최소폭발물위험위치 정보

(6) 항공운송사업자는 항공기 출발 전(승객이 탑승하기 전을 말한다) 항공기에 대한 보안점검(외부점검) 또는 수색을 하는 경우 다음과 같이 하여야 한다.

가. 「항공보안법 시행규칙」 제7조 제2항에 따라 점검

나. 항공기 보안점검을 하는 사람은 「국가민간항공보안 교육훈련지침」에 따라 보안교육을 이수하여야 하며, 보안점검표를 사용하여 점검

다. 항공기 수색을 하는 경우 항공기 장비 · 부품 등에 폭발물 · 무기 등이 은닉되어 반입될 가능성에 대비하여 해당 정비사를 수색 대상자에 포함

라. 보안점검 또는 수색 기록은 24시간 이상 보관(다만, 운항시간이 24시간 이상인 경우에는 운항 종료 시까지 보관)

항공기 외부점검 및 상황보고

(7) 항공운송사업자는 보안점검 또는 수색을 완료한 이후 항공기가 출발하기 전까지 비인가자 접근 방지 등 항공기 보안유지를 위한 조치를 하여야 한다. 특히, 계류장 지역에서 버스 등을 이용하여 항공기로 이동하는 승객에 대한 보안조치를 위하여 국제선의 경우에는 버스 승·하차 지역에 항공사 직원(운송 용역업체 직원 포함) 또는 경비요원을 배치하여야 하며, 국내선의 경우에는 승객의 이동동선 이탈방지 대책을 수립·이행하여야 한다.

(8) 항공운송사업자는 항공기가 계류장에 도착하여 승객이 모두 내린 이후부터 출발하기 전까지 항공기 출입통제를 실시하여야 하며, 업무 수행을 목적으로 하는 다음 사람에 한하여 항공기 안으로 진입을 허용할 수 있다.

항공기내 출입자에 대한 신원확인

가. 항공기가 공항에 도착한 때에는 모든 승객(통과 및 환승 승객 포함) 운항 및 객실 승무원

나. 해당 항공사 신분증을 소지한 항공사 직원

다. 해당 항공사가 지정한 지상조업체 직원

라. 항공보안 업무 등 공무수행을 하는 항공보안감독관·항공안전감독관으로서 감독관 증표 또는 공무원증을 소지하고 해당 항공사 직원과 동행하는 사람(불시평가를 수행하는 항공보안감독관은 항공사 직원과 동행하지 않을 수 있다)

(9) 항공운송사업자는 항공기내 보안 유지를 위하여 다음 사항에 대한 대책을 수립하여야 한다.

가. 항공기내 보안점검

나. 기내식 등 기내 반입물품의 보안통제

다. 조종실 출입문 잠금장치 설치 등 안전조치 및 출입문 운영절차

라. 조종실 출입절차 및 비인가자의 침입 방지 조치

마. 최대이륙중량 45,500kg을 초과하거나 승객 좌석수가 60석을 초과하는 운송사업용 항공기의 조종실에는 비인가자의 총기 또는 폭발에 의한 침입 방지 조치

바. 불법방해 행위 또는 항공보안 사고 발생 시 객실승무원이 운항승무원에게 알릴 수 있는 수단 및 의심되는 행동 또는 위험 가능성을 간파하기 위한 감시수단

항공기 안전확보를 위한 보안검색

(10) 항공운송사업자는 승객 탑승 후 모든 항공기 문이 닫혀지는 시점부터 승객 하기를 위해 출입문을 여는 시점까지 기장의 지시가 없는 경우 조종실 출입문 잠금장치가 유지되도록 하여야 하며, 조종사 근무교대 등 조종실 출입문 개폐가 필요한 경우에는 적절한 보안대책을 강구하여야 한다.

(11) 항공운송사업자는 보안점검 또는 수색을 완료한 이후 항공기 내의 불법 진입 또는 비인가자의 진입 흔적이 있을 경우 기내 정밀 보안점검을 실시하고 관련 기관에 그 결과를 통보하는 등 적절한 보안조치를 하여야 한다. 이 경우 기내 점검은 적절한 교육을 받은 공항 상주기관 전문요원이 실시할 수 있다.

(12) 항공운송사업자는 항공기가 출발하기 전에 승객이 자발적 의사에 따라 내린 경우 관계기관과 협조하여 승객이 내린 사유를 파악하여야 하며, 공항테러대책협의회의 보안위협 정도 평가에 따라 기내 재검색 등 적절한 보안조치를 하여야 한다.

(13) 항공운송사업자는 관련 사용인들이 항공기에 탑승 또는 탑재될 승객, 휴대물품, 위탁수하물, 우편물, 화물(장비 · 저장품 · 보급품 등)로 인해 발생될 수 있는 불법방해행위 예방을 위한 조치 및 기법을 숙지할 수 있는 훈련프로그램을 개발하고 이행하여야 한다.

(14) 항공운송사업자는 불법방해행위의 피해를 최소화할 수 있는 승무원 대처 능력을 확보하기 위하여 자체 보안훈련프로그램을 수립하여 시행하여야 한다. 자체 보안훈련프로그램을 수립하는 경우 다음 사항을 포함하여야 한다.

가. 사건의 중요성 판단

나. 승무원간 통신 및 협력

다. 자기방어력(공포감 조절 능력, 심적 준비 등)

라. 사용이 승인된 무기의 사용방법

마. 승무원의 대처능력 촉진을 위한 테러리스트 및 승객의 행동양식

바. 각종 위험조건에 따른 상황별 연습 훈련

사. 항공기를 보호하기 위한 조종실 출입통제 절차
아. 최소한의 폭발물 리스크에 관한 점검절차 및 지침

(15) 항공운송사업자는 운항 중 또는 계류 중에 항공기에 대한 불법방해행위가 발생한 경우 기장이 지체 없이 항공교통관제기관 등 관계기관에 통보하는 절차 등 대응계획을 수립하여야 한다.

(16) 항공운송사업자는 승객이 탑승하는 항공기에 항공기내보안요원을 탑승시켜야 하며, 위협이 예상되는 노선 또는 정부가 지정하는 노선을 운항하는 항공기에는 최소 1명 이상의 항공사 소속 남성 항공기내보안요원을 탑승시켜야 한다.

(17) 항공운송사업자는 자사 소속 항공기내보안요원을 탑승시키고자하는 경우에는 관할 지방항공청장의 승인을 받아야 하며, 승인을 요청하기 전에 국토교통부장관이 정하는 항공보안교육을 반드시 이수한 사람으로 하여야 한다.

(18) 항공운송사업자는 항공기가 운항하는 체약국으로부터 정부 소속 항공기내보안요원 탑승을 요구받은 경우 그 사실을 국토교통부장관에게 보고하여야 하며, 필요한 경우 국토교통부장관에게 정부 소속 항공기내보안요원의 탑승을 요청할 수 있다.

(19) 국토교통부장관은 항공운송사업자로부터 정부 소속 항공기내보안요원의 탑승을 요청받은 경우 관계기관과 협의하여 탑승에 필요한 조치를 취한다.

(20) 국토교통부장관은 위협 및 위험평가에 따른 보안점검 등 보안대책을 수립하여야 하며, 필요한 경우 관계기관과 위협 및 위험평가 정보 등에 관하여 협의하여야 한다.

(21) 국토교통부장관은 위협 및 위험 평가에 따라 추가 보안대책을 수립할 경우 다음 사항을 고려하여야 한다.

가. 항공기 위협에 대응할 수 있는 책임자 지정

나. 항공기에 대한 위협정보를 접수하였을 경우 대응 절차 및 관계기관 전파 등 협력체계

다. 해당 항공기 무장경비 제공

라. 위험성이 높을 경우 다른 항공기와 격리하여 주기

마. 위협분석에 따라 승객·수하물에 대한 정밀 보안점검 실시

바. 위험성이 높은 승객이 있는 경우 별도 출입지역으로 통과

(22) 국토교통부장관은 체약국·보안기관 또는 항공운송사업자로부터 귀빈탑승 항공기 및 고 위협 대상 항공기 등에 대해 추가 보안대책을 요구받은 경우 항공운송사업자에게 경비원 추가 배치·항공기내 점검 강화 등 보안 강화 조치를 요구할 수 있다.

(23) 항공운송사업자는 항공기가 공항에 도착하면 통과·환승 승객을 포함한 모든 승객이 항공기 안에 잔류하지 않도록 하여야 하며, 승객이 휴대물품을 가지고 내렸는지 확인하기 위하여 적절한 교육을 받은 사람으로 하여금 기내 보안점검을 실시하도록 하여야 한다.

항공기내로 탑승하는 탑승객 항공권 확인

8. 항행안전 시설 등

항행안전시설에 설치된 관제탑

(1) 항행안전시설, 항공교통관제시설, 비상발전시설 등은 보안 울타리 또는 장벽 설치와 보안순찰을 통해 보호되어야 한다.

(2) 항행안전시설 등의 보안통제와 시설관리는 해당 시설 운영 및 관리자가 실시한다.

9. 항공기 정비시설 보안통제구역 지정

(1) 항공기 정비시설 운영자는 항공보안법 제12조의 규정에 따른 보호구역이 아닌 항공기 정비시설에 대해서 정비시설 및 항공기의 안전과 항공보안 유지를 위하여 항공기 정비시설 보안통제구역('정비고 통제구역'이라 함)을 지정하여야 한다. 다만, 민 · 군 공동 사용하는 김해공항에 소재한 대한항공 항공기정비시설은 그 대상에서 제외한다.

(2) 항공기 정비시설 운영자는 정비고 통제구역 지정시 전용 정비계류장 및 공항 내 공용 정비계류장이 포함되도록 하여야 한다.

(3) 정비고 통제구역 책임자 등 지정

가. 보안통제 책임자 : 항공기 정비시설 운영자는 정비고 통제구역 보안통제 책임자(이하 '보안통제 책임자'라 한다)를 지정하여야 하며, 보안통제책임자는 소관 정비고 통제구역의 항공보안관련 업무를 총괄하며, 부재시 또는 부재상황이 예상될 경우에는 보안업무 공백 방지를 위해 업무 대행자를 지정하여야 한다.

나. 보안통제 감독자 : 보안통제 책임자는 소관 정비고 통제구역 내에 위치하는 정비작업장, 정비계류장 및 정비항공기 등의 보안점검 등의 업무를 수행하는

정비고 통제구역 보안감독자('보안통제 감독자'라 함)를 지정하여야 한다.

다. 정비고 통제구역 책임자 및 감독자의 주요 보안업무

1) 정비고 통제구역으로의 사람 · 차량 · 물품 · 정비 부품 등의 통제관리
2) 정비고 통제구역으로 반입되는 위해물품에 대한 관리대장 등 기록 운영 · 관리(전자적인 방법 포함)
3) 침입자 발생 또는 위해물품 반입 등 비정상 상황 발생 시 관련기관 보고 등
4) 관련기관 간 연락체계 구축 및 보고체계 현행화 등 비정상 상황 대비 업무
5) 정비고 통제구역 내 항공기 보안통제 및 점검 업무 등

항공기정비고

(4) 정비고 통제구역 지정 절차 등

가. 항공기 정비시설 운영자는 지방항공청장의 승인을 받아 정비고 통제구역으로 지정하여야 한다.

나. 항공기 정비시설 운영자는 정비고 통제구역이 비인가자로 부터 진입이 차단될 수 있도록 통제를 받지 않는 다른 시설들과 울타리, 벽체 등으로 분리되어야 하며, 울타리 등이 항상 정상적인 상태로 유지 · 관리 하여야 한다.

(5) 정비고 통제구역 보안대책

가. 보안통제기준

1) 항공기 정비시설 운영자는 정비고 통제구역에 진입하려는 사람에 대하여는 진입을 통제하고 신원확인을, 차량 · 장비 · 물품 등에 대하여는 보안검색

또는 보안검색 외의 방법에 의한 보안통제를 실시하여야 한다.

2) 항공기 정비시설 운영자는 사람 · 물품 등에 대한 보안검색을 하는 경우에는 항공보안법 제27조에 따라 국토교통부장관이 고시한 보안장비를 사용하여야 한다.

3) 항공기 정비시설 운영자는 정비고 통제구역으로 진입할 수 있는 차량을 최소화하여 관리 · 운영하여야 하며, 정비고 통제구역으로 진입이 허용되지 않은 비인가 차량이 정비고 통제구역으로 진입할 경우에는 동 계획 7.5(차량에 대한 출입통제)에서 정한 절차와 기준을 준용하여 보안통제를 실시하여야 한다.

4) 항공기 정비시설 운영자는 정비고 통제구역을 불법 방해행위로부터 보호하기 위한 경비대책을 수립 · 시행하여야 한다.

나. 일반통제

1) 출입이 인가된 자가 정비고 통제구역으로 진입하거나 정비고 통제구역 안에 있는 경우 항상 복장 외부의 잘 보이는 곳에 출입증을 패용하여야 한다.

보안통제구역인 항공기정비고

2) 정비고 통제구역을 운영하지 않는 시간에는 비인가자로부터의 침입을 방지하기 위해 잠금장치 등을 이용하여 출입구를 폐쇄하는 등 필요한 조치를 하여야 한다.

3) 정비고 통제구역에는 상시감시체제(CCTV, 24시간 보안경비, 기타 감시체제 등)를 구축하여야 한다.

4) 정비고 통제구역 내 비인가자 침입 또는 비인가된 위험물품 발견 시에는 누구든지 이를 즉시 관계 기관에 신고하여야 한다.

5) 정비고 통제구역에 대해 용역회사 등 위탁업체에서 검색 및 경비업무를 수행하고자 하는 경우에는 법적 요구사항을 충족한 자를 배치하고 경비요원에 대한 관리감독을 철저히 하여야 한다.

다. 인원 출입 통제

1) 정비고 통제구역을 진입할 수 있는 자는 당해 항공기 정비시설 운영자가 인가한 자에 한하며, 정비고 통제구역 진입시 보안요원은 정비시설 운영자가 발급한 출입증 등을 통해 인가 여부를 확인하여야 한다.

2) 항공기 정비시설 운영자는 정비고 통제구역 출입자에 대하여 출입증 인식시스템을 이용한 출입증(정비시설 운영자 자체 발급) 인식 또는 출입증 육안확인 등의 방법으로 신원 확인 후 진입을 허가하여야 한다.

3) 정비고 통제구역 출입자의 소지품 및 휴대물(정비목적의 공구 · 부품은 제외)에 대하여는 엑스선 검색장비(X-ray) 또는 개봉검색 등을 통해 위해물품 반입을 통제하여야 한며, 폭발물이 있다고 의심되는 경우에는 폭발물흔적탐지장비(ETD)를 추가하여 검색하거고 ETD 검색이 불가한 경우에는 반입을 금지하여야 한다.

4) 보안검색 등 보안통제를 거부하는 사람에 대해서는 정비고 통제구역으로의 진입을 금지시켜야 한다.

라. 항공기 정비 물품 등의 반입 통제

1) 항공기 정비를 위해 정비고 통제구역으로 반입되는 항공기 정비에 사용되는 물품 등은 보안검색(엑스선 검색, 개봉검색) 또는 검색 외 방법(정비물품 반입관리대장 확인, 바코트, 일련번호, 관리대장 기록 등)으로 반입을 허가할 수 있으며, 폭발물이 있다고 의심되는 경우에는 폭발물흔적탐지장비(ETD)를 추가하여 검색하거나 ETD 검색이 불가한 경우 반입을 금지하여야 한다.

2) 항공기 정비시설 운영자는 정비고 내에서 사용하는 정비 공구류, 부품, 화학물품 등을 바코트, 일련번호, 관리대장 기록 등의 방법으로 관리하여야 한다.

3) 항공기 정비시설 운영자는 항공기 정비 등을 위해 사용되는 물품 외 국토교통부장관이 정하여 고시한 반입금지 위해물품 등이 정비고 통제구역으로 반입되지 않도록 하여야 한다.

마. 정비 작업 중 보안통제

1) 정비고 통제구역내에서 지상조업이 이루어지는 경우, 보안통제 감독자는

항공기를 비인가자의 접근이나 위험한 물품으로부터 보호하기 위하여 조업요원에 대한 업무 감독을 철저히 하여야 한다.

2) 보안통제 감독자는 정비작업 중에 불필요한 인원·물품 등의 정비고 통제구역으로의 진입 및 반입 시 이를 통제하여야 하며, 정비작업 후에는 출입문 잠금 등 외부침입자가 발생하지 않도록 보안조치를 철저히 이행하여야 한다.

(6) 정비고 보안통제구역 보안서류 관리

가. 보안통제기록의 보관 : 보안통제감독자는 다음 각 호의 사항이 포함된 보안통제 업무일지를 기록하고, 1년 이상 보관하여야 한다

1) 보안검색업무를 수행한 항공보안검색요원 등 보안요원 및 감독자의 성명 및 근무 시간
2) 항공보안장비의 점검 및 운용에 관한 사항
3) 항공기 보안점검표
4) 그 밖에 보안통제 업무 수행 중 발생한 특이사항

나. 보안통제 감독자는 정비고 통제구역으로 반입이 금지된 물품을 적발한 경우 다음 각 호에서 정한 사항에 관한 보안통제대장을 작성하고 1년간 유지 보관하여야 한다.

1) 통제된 물품의 수
2) 통제방법
3) 통제자의 성명 및 통제일자

보안이 통제된 항공기정비고

(7) 항공기 보안통제

가. 항공기 보안통제

1) 항공기 정비시설 운영자는 인가받지 않은 사람이 정비고 보안통제구역 내 정비 중에 있는 항공기로의 접근하지 않도록 통제해야 한다.
단, 비인가자가 항공기에 접근 및 출입시 인가된 자가 인솔할 경우 항공기 접근 및 출입이 가능하다. 이 경우 항공기 정비시설 운영자는 비인가자 출입관리 대장 관리 등 별도 대책을 수립 시행하여야 한다

2) 항공기 정비시설 운영자는 항공기 정비작업 종료 후, 항공기 출입문을 잠금 조치하고 탑승계단을 항공기에서 분리하여야 한다.

보호구역 밖에 위치하고 있는 항공기정비고

나. 항공기 보호구역 진입절차

1) 항공기 정비시설 운영자는 정비 항공기가 운항을 위하여 정비고 통제구역에서 보호구역으로 진입하고자 할 경우 진입 전 별지 제4호 서식에서 정하고 있는 점검내용에 따라 항공기 내부 및 외부에 대해 보안점검을 실시하여야 한다.

2) 항공기 정비시설 운영자는 별지 제4호 서식에 따른 보안점검표 2부를 작성·서명날인 후 공항운영자에게 1부를 제출하여야 하며, 항공기 정비시설 운영자 및 공항운영자는 해당 보안점검표를 각각 1년간 보관하여야 한다.

3) 공항운영자는 정비시설 운영자가 제출한 보안점검표에 이상 없음을 확인 후에 보호구역으로의 진입을 허용하여야 한다.

4) 공항운영자는 정비를 마친 항공기가 정비고 통제구역에서 보호구역으로 진입하는 경우 견인 시작 전 별지 제4호 서식에 기재된 항공기조업 요원이 보호구역 출입을 인가받은 자인지를 확인하여야 하며, 해당 조업요원에 대해서는 휴대용금속 탐지장비를 통한 보안검색을, 견인차량 및 해당 조업요원이 휴대하는 물품에 대하여는 육안·개봉검색을 실시하여야 하며, 의심 시 폭발물흔적탐지장비(ETD)를 통해 보안검색을 실시하여야 한다.

5) 국가중요행사에 사용되는 항공기를 국가기관에서 보안검색을 실시하는 경우 정비시설 운영자에 의한 항공기 보안점검 및 보안점검표 제출은 생략할 수 있다.

정비 항공기 보호구역 진입전 보안점검표(양식)

□ 항공기 등록부호 :
□ 보호구역 진입 항공기 조업요원
 o 기내 조업요원 : (성명)
 o 인도 조업요원 : (성명)
 o 인도 조업요원 : (성명)
□ 점검항목

구분	점검항목	확인(✓)
조종실	- 좌석 상하부, 파우치 및 바닥부분	
	- 각종 운항관련 매뉴얼 보관 장소	
	- 승무원용 산소마스크 보관 장소	
	- 바닥전체, 천정 부분 및 후방 벽면 부분	
	- 승무원 코트룸 등 휴대품 보관 장소	
	- 러더 페달 및 브레이크 주변 부분	
	- 운항승무원 휴식 공간 및 기타 모든 보관 공간	
	- 비상탈출 로우프 보관 공간	
객실	- 모든 오버헤드 빈	
	- 출입구 및 주변 기계 장치	
	- 코트 보관 장소	
	- 승무원 휴식 공간(Bunker)	
	- 기타 천정 공간	
	- 오븐, 냉장고, Bar, 주방 내 비치된 각종 비상장비	
	- 벽면, 천장 및 바닥 부분	
	- 주방 서비스 도어 및 경첩 주변, 주방 내 모든 보관공간	
	- 화장실 문, 벽면 및 천정 외부	
	- 변기 주변, 휴지/화장지 보관함	
	- 개수대 및 하단 용기	
항공기 외부	- Leading 및 Trailing edge flap, aileron 부분	
	- 엔진의 Inlet 및 Outlet 부분	
	- 연료 주입구(Fuel Servicing Panels)	
	- Landing gear wheel well 부위	
	- Stabilizer 및 Rudder 하부	
	- APU Door의 잠금 상태 확인	
	- Emergency Exit Door의 잠금 상태 확인	

o 위 점검 항목에 대한 점검을 완료하였음을 확인합니다.

업 체 명 :

점 검 자 : (서 명)

제4절 ICAO 부속서17 관련규정

(1) 정의

4.2 출입통제 관련 대책(Measures relating to access control)

표준 4.2.1

각 체약국은 민간 항공을 운영하는 공항에서는 불법 진입을 막기 위하여 에어사이드 출입을 통제하여야 한다.

표준 4.2.2

각 체약국은 관련 국가기관에서 실시하는 위협 평가를 바탕으로 하여 지정된 민간항공업무를 제공하는 공항에 대해서 보안통제구역을 설정하여야 한다.

표준 4.2.3

체약국은 보안 통제구역이나 에어사이드로의 불법 출입을 막기 위하여 인원 및 차량에 대하여 신원확인 시스템을 설치하여야 한다. 그리고, 이러한 신원 확인은 출입이 허가되기 전에 지정된 체크 포인트에서 실시되어야 한다.

표준 4.2.4

각 체약국은 승객 이외의 자가 공항 보안제한구역을 인솔자 없이 출입하는 것을 승인 전에 신원조회를 실시하여야 한다.

표준 4.2.5

각 체약국은 보호구역 안에서 비 인가자의 항공기로 접근하는 것을 방지하기 위하여 차량 및 인원이 항공기로 접근하는 것을 감시하여야 한다.

표준 4.2.6

각 체약국은 상주직원(휴대물품 포함)이 국제민간항공 운영을 위해 지정된 보호구역에 출입하기 전에 보안검색 및 출입통제를 받도록 하여야 한다.

표준 4.2.7

각 체약국은 보안제한구역으로 진입이 인가된 차량(수송되는 물건 포함)은 보안검색을 받거나 관련 국가기관에서 실시되는 위험 평가에 부합한 적절한 출입통제를 받아야 한다.

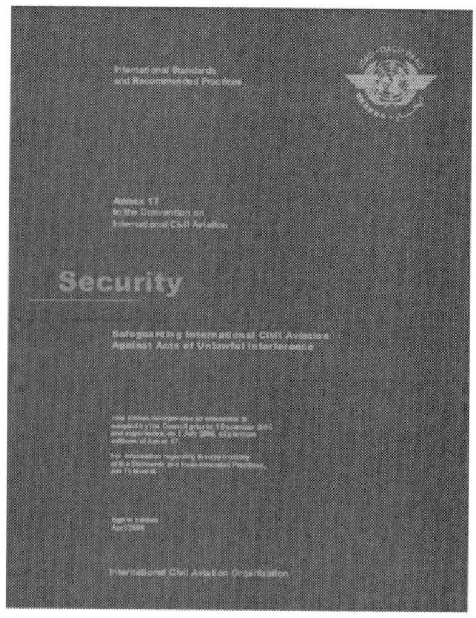

ICAO 부속서 17(Security)

권고사항 4.2.8

각 체약국은 항공기 승무원에게 발급되는 신분증명서가 Doc 9303(여행문서 판독기 관련 지침)에서 정하는 관련 기술 사양을 따라서 이동지역 및 보호구역 출입을 허가하는 인증서로 사용하기 위하여 국제적으로 인정되고 기준에 부합되는 신분증이 발급되도록 하여야 한다.

권고사항 4.2.9

체약국은 인솔자 없이 보호구역 출입이 허가된 사람에 대하여 4.2.4항에서 정한 검사가 정기적으로 재실행되도록 하여야 한다.

4.3 항공기 관련 대책 (Measures relating to aircraft)

표준 4.3.1

각 체약국은 상업항공 운송용 항공기의 출발 시에 간단한 항공기 보안점검 또는 항공기 정밀검색이 이루어지도록 해야 한다. 운항 전 보안점검 또는 정밀검색의 결정은 관련 국가기관에서 실시하는 위험 평가에 따라 결정된다.

표준 4.3.2

각 체약국은 환승 공항에서 상업용 항공기로부터 하기하는 승객이 항공기에 어떤 물건도 남겨두지 않도록 한다.

표준 4.3.3

체약국은 상업항공기 운영자로 하여금 운항 중에 비허가자가 항공기 조종실 출입을 못하도록 조치를 취하도록 하여야 한다.

주 - 상업용 항공기의 조종실 보안규정은 ICAO 부속서 6, Part 1, Chapter 12, Section 13.2에 포함되어 있다.

표준 4.3.4

각 체약국은 4.3.1에 해당하는 항공기가 항공기에 대한 점검 또는 수색이 시작된 그 시간부터 항공기가 출발하기 전까지 비인가자의 방해 행위로부터 보호되어야 한다.

권고사항 4.3.5

각 체약국은 항공기가 보안 통제구역에 있지 않을 때는 항공기에 대한 불법방해 행위가 발생하지 않도록 보안 통제가 이루어지도록 하여야 한다.

표준 4.3.6

각 체약국은 항공기가 보안 통제구역에 있지 않을 때는 항공기에 대한 불법방해 행위가 발생하지 않도록 보안 통제가 이루어지도록 하여야 한다.

4.8 랜드사이드 관련 대책(Measures relating to the landside)

권고사항 4.8.1

각 체약국은 랜드사이드 지역이 확인되도록 보장하여야 한다.

권고사항 4.8.2

각 체약국은 해당 국가 기관에서 실시하는 위험평가에 따라 가능한 불법방해행위 위협을 완화하기 위해 랜드사이드 지역의 보안대책이 수립되도록 보장하여야 한다.

권고사항 4.8.3

각 체약국은 표준 3.1.5, 3.2.2와 3.2.3에 따라 관련 부서, 기타 국가조직 및 기타 주체간의 랜드사이드 보안 대책 조정이 되도록 하여야 하며 국가 민간항공 보안프로그램에 적절한 랜드사이드 보안책임이 명시되도록 하여야 한다.

Chap. 2

경비보안 국내 관련규정

제2장 경비보안 국내 관련규정

제1절 경비업법 관련규정

1. 경비업법에서 정한 국가중요시설 경비

(1) 특수경비업무

경비업법은 경비업의 육성 및 발전과 그 체계적 관리에 관하여 필요한 사항을 정함으로써 경비업의 건전한 운영에 이바지함을 목적으로 하며, 경비업은 다음에 해당하는 업무를 전부 또는 일부를 도급받아 행하는 영업을 말한다.

가. 시설경비업무 : 경비를 필요로 하는 시설 및 장소(경비대상시설)에서의 도난 · 화재 그 밖의 혼잡 등으로 인한 위험발생을 방지하는 업무

나. 호송경비업무 : 운반중에 있는 현금 · 유가증권 · 귀금속 · 상품 그 밖의 물건에 대하여 도난 · 화재 등 위험발생을 방지하는 업무

다. 신변보호업무 : 사람의 생명이나 신체에 대한 위해의 발생을 방지하고 그 신변을 보호하는 업무

라. 기계경비업무 : 경비대상시설에 설치한 기기에 의하여 감지 · 송신된 정보를 그 경비대상시설외의 장소에 설치한 관제시설의 기기로 수신하여 도난 · 화재 등 위험발생을 방지하는 업무

마. 특수경비업무 : 공항(항공기를 포함) 등 대통령령이 정하는 국가중요시설의 경비 및 도난 · 화재 그 밖의 위험발생을 방지하는 업무

"경비지도사"는 경비원을 지도 · 감독 및 교육하는 자를 말하며 일반경비지도사와 기계경비지도사로 구분하고, 일반경비원은 시설경비업무, 호송경비업무, 신변보호업무, 기계경비업무를 수행하는 자이며, 특수경비원은 특수경비업무를 수행하는 자를 말한다.

(2) 국가중요시설

경비업법 시행령 제2조에서 국가중요시설은 경비업법 제2조 제1호마목에서 "대통령령이 정하는 국가중요시설"로서 공항 · 항만, 원자력발전소 등의 시설중 국가정보원장이 지정하는 국가보안목표시설과 「통합방위법」 제21조 제4항[5]의 규정에 의하여 국방부장관이 지정하는 국가중요시설을 말한다. 통합방위법 제2조 제13호에서 "국가중요시설"이란 공공기관, 공항 · 항만, 주요 산업시설 등 적에 의하여 점령 또는 파괴되거나 기능이 마비될 경우 국가안보와 국민생활에 심각한 영향을 주게 되는 시설을 말한다.

국민보호와 공공안전을 위한 테러방지법(테러방지법) 제10조(테러예방을 위한 안전관리대책의 수립)에서 관계기관의 장은 대통령령으로 정하는 국가중요시설과 많은 사람이 이용하는 시설 및 장비(테러대상시설)에 대한 테러예방대책과 테러의 수단으로 이용될 수 있는 폭발물 · 총기류 · 화생방물질(테러이용수단), 국가 중요행사에 대한 안전관리대책을 수립하도록 규정하고 있다.

국가중요시설 "가"급 시설인 인천국제공항

5) 국가중요시설은 국방부장관이 관계 행정기관의 장 및 국가정보원장과 협의하여 지정한다.

테러방지법 제25조(테러대상시설 및 테러이용수단 안전대책 수립)에서는 테러방지법 제10조 제1항에서 “대통령령으로 정하는 국가중요시설과 많은 사람이 이용하는 시설 및 장비”(테러대상시설)란 다음 각 호의 시설을 말한다.

1. 국가중요시설: 「통합방위법」 제21조 제4항에 따라 지정된 국가중요시설 및 「보안업무규정」 제32조에 따른 국가보안시설
2. 많은 사람이 이용하는 시설 및 장비(다중이용시설): 다음 각 목의 시설과 장비 중 관계기관의 장이 소관업무와 관련하여 대테러센터장과 협의하여 지정하는 시설

관계기관의 장은 테러방지법 제10조 제1항에 따른 테러대상시설에 대한 테러예방대책과 법 제10조 제1항에 따른 테러이용수단의 제조 · 취급 · 저장 시설에 대한 안전관리대책 수립 시 다음 각 호의 사항을 포함하여야 한다.

1. 인원 · 차량에 대한 출입 통제 및 자체 방호계획
2. 테러 첩보의 입수 · 전파 및 긴급대응 체계 구축 방안
3. 테러사건 발생 시 비상대피 및 사후처리 대책

관계기관의 장은 테러대상시설 및 테러이용수단의 제조 · 취급 · 저장 시설에 대하여 다음 각 호의 업무를 수행하여야 한다.

1. 테러예방대책 및 안전관리대책의 적정성 평가와 그 이행 실태 확인
2. 소관 분야 테러이용수단의 종류 지정 및 해당 테러이용수단의 생산 · 유통 · 판매에 관한 정보 통합관리

(3) 경비업 허가

경비업법 제3조(법인)에서 경비업은 법인이 아니면 이를 영위할 수 없으며, 제4조(경비업의 허가)에서 경비업을 영위하고자 하는 법인은 도급받아 행하고자 하는 경비업무를 특정하여 그 법인의 주사무소의 소재지를 관할하는 시 · 도경찰청장의 허가를 받아야 한다. 도급받아 행하고자 하는 경비업무를 변경하는 경우에도 또한 같다.

경비업 허가를 받고자 하는 법인은 다음 각 호의 요건을 갖추어야 한다.

1. 대통령령으로 정하는 1억원 이상의 자본금의 보유

2. 다음 각 목의 경비인력 요건
   가. 시설경비업무: 경비원 20명 이상 및 경비지도사 1명 이상
   나. 시설경비업무 외의 경비업무: 대통령령으로 정하는 경비 인력
3. 제2호의 경비인력을 교육할 수 있는 교육장을 포함하여 대통령령으로 정하는 시설과 장비의 보유
4. 그 밖에 경비업무 수행을 위하여 대통령령으로 정하는 사항

경비업의 허가를 받은 법인은 다음 각호의 1에 해당하는 때에는 시·도경찰청장에게 신고하여야 한다.

1. 영업을 폐업하거나 휴업한 때
2. 법인의 명칭이나 대표자·임원을 변경한 때
3. 법인의 주사무소나 출장소를 신설·이전 또는 폐지한 때
4. 기계경비업무의 수행을 위한 관제시설을 신설·이전 또는 폐지한 때
5. 특수경비업무를 개시하거나 종료한 때
6. 그 밖에 대통령령이 정하는 중요사항을 변경한 때

경비업의 허가 또는 신고의 절차, 신고의 기한 등 허가 및 신고에 관하여 필요한 사항은 대통령령으로 정한다.

경비업법 제4조의2(허가의 제한)에서 누구든지 제4조제1항에 따른 허가를 받은 경비업체와 동일한 명칭으로 경비업 허가를 받을 수 없다.

경비업법 제19조 제1항 제2호[6] 및 제7호[7]의 사유로 경비업체의 허가가 취소된 경우 허가가 취소된 날부터 10년이 지나지 아니한 때에는 누구든지 허가가 취소된 경비업체와 동일한 명칭으로 제4조 제1항에 따른 허가를 받을 수 없다.

제19조 제1항 제2호 및 제7호의 사유로 허가가 취소된 법인은 법인명 또는 임원의 변경에도 불구하고 허가가 취소된 날부터 5년이 지나지 아니한 때에는 제4조제1항에 따른 허가를 받을 수 없다.

---

6) 1. 제7조제5항의 규정에 위반하여 허가받은 경비업무외의 업무에 경비원을 종사하게 한 때

7) 7. 제15조의2 제2항을 위반하여 소속 경비원으로 하여금 경비업무의 범위를 벗어난 행위를 하게 한 때

(4) 임원의 결격사유

경비업법 제5조에서 다음 각 호의 어느 하나에 해당하는 자는 경비업을 영위하는 법인(제4호에 해당하는 자의 경우에는 특수경비업무를 수행하는 법인을 말하고, 제5호에 해당하는 자의 경우에는 허가취소사유에 해당하는 경비업무와 동종의 경비업무를 수행하는 법인을 말한다)의 임원이 될 수 없다.

1. 피성년후견인
2. 파산선고를 받고 복권되지 아니한 자
3. 금고 이상의 형의 선고를 받고 그 형이 실효되지 아니한 자
4. 이 법 또는 「대통령 등의 경호에 관한 법률」에 위반하여 벌금형의 선고를 받고 3년이 지나지 아니한 자
5. 이 법(제19조제1항제2호 및 제7호는 제외한다) 또는 이 법에 의한 명령에 위반하여 허가가 취소된 법인의 허가취소 당시의 임원이었던 자로서 그 취소 후 3년이 지나지 아니한 자
6. 제19조제1항제2호 및 제7호의 사유로 허가가 취소된 법인의 허가취소 당시의 임원이었던 자로서 허가가 취소된 날부터 5년이 지나지 아니한 자

경비업 허가 유효기간은 경비업법 제4조제1항의 규정에 의한 경비업 허가의 유효기간은 허가받은 날부터 5년으로 하며 유효기간이 만료된 후 계속하여 경비업을 하고자 하는 법인은 행정안전부령으로 정하는 바에 따라 갱신허가를 받아야 한다.

(5) 경비업자의 의무

경비업법 제7조에서 경비업자는 경비대상시설의 소유자 또는 관리자(시설주)의 관리권의 범위 안에서 경비업무를 수행하여야 하며, 다른 사람의 자유와 권리를 침해하거나 그의 정당한 활동에 간섭하여서는 아니된다.

경비업자는 경비업무를 성실하게 수행하여야 하고, 도급을 의뢰받은 경비업무가 위법 또는 부당한 것일 때에는 이를 거부하여야 한다.

경비업자는 불공정한 계약으로 경비원의 권익을 침해하거나 경비업의 건전한 육성과 발전을 해치는 행위를 하여서는 아니된다.

경비업자의 임 · 직원이거나 임 · 직원이었던 자는 다른 법률에 특별한 규정이 있는 경우를 제외하고는 그 직무상 알게 된 비밀을 누설하거나 다른 사람에게 제공하여 이용하도록 하는 등 부당한 목적을 위하여 사용하여서는 아니된다.

경비업자는 허가받은 경비업무외의 업무에 경비원을 종사하게 하여서는 아니된다.

경비업자는 집단민원현장에 경비원을 배치하는 때에는 경비지도사를 선임하고 그 장소에 배치하여 행정안전부령으로 정하는 바에 따라 경비원을 지도 · 감독하게 하여야 한다.

특수경비업무를 수행하는 경비업자는 제4조 제3항제5호의 규정에 의한 특수경비업무의 개시신고를 하는 때에는 국가중요시설에 대한 특수경비업무의 수행이 중단되는 경우 시설주의 동의를 얻어 다른 특수경비업자중에서 경비업무를 대행할 자(이하 "경비대행업자"라 한다)를 지정하여 허가관청에 신고하여야 한다. 경비대행업자의 지정을 변경하는 경우에도 또한 같다.

보안검색업무를 수행중인 특수경비원

특수경비업자는 국가중요시설에 대한 특수경비업무를 중단하게 되는 경우에는 미리 이를 제7항의 규정에 의한 경비대행업자에게 통보하여야 하며, 경비대행업자는 통보받은 즉시 그 경비업무를 인수하여야 한다. 이 경우 제7항의 규정은 경비대행업자에 대하여 이를 준용한다.

특수경비업자는 이 법에 의한 경비업과 경비장비의 제조 · 설비 · 판매업, 네트워크를 활용한 정보산업, 시설물 유지관리업 및 경비원 교육업 등 대통령령이 정하는 경비관련업외의 영업을 하여서는 아니된다.

누구든지 집단민원현장에 경비인력을 20명 이상 배치하려고 할 때에는 그 경비인력을 직접 고용하여서는 아니 되고, 경비업자에게 경비업무를 도급하여야 한다. 다만, 시설주 등이 집단민원현장 발생 3개월 전까지 직접 고용하여 경비업무를 수행하는 피고용인의 경우에는 그러하지 아니하다.

무자격자 및 부적격자의 구체적인 범위 등은 대통령령으로 정한다.

경비업법 시행령 제6조(특수경비업자의 업무개시전의 조치)에서는 법 제2조제1호마목의 규정에 의한 특수경비업무를 수행하는 경비업자는 법 제4조제3항제5호의 규정에 의하여 첫 업무개시의 신고를 하기 전에 시 · 도경찰청장의 비밀취급인가를 받아야 한다.

시 · 도경찰청장은 제1항의 규정에 의하여 특수경비업자에게 비밀취급인가를 하고자 하는 때에는 법 제25조의 규정에 의하여 특수경비업자로 하여금 경찰청장을 거쳐 국가정보원장에게 보안측정을 요청하도록 하여야 한다.

(6) 특수경비업자의 의무

제7조에서 경비업자는 경비대상시설의 소유자 또는 관리자(이하 "시설주"라 한다)의 관리권의 범위안에서 경비업무를 수행하여야 하며, 다른 사람의 자유와 권리를 침해하거나 그의 정당한 활동에 간섭하여서는 아니된다.

경비업자는 경비업무를 성실하게 수행하여야 하고, 도급을 의뢰받은 경비업무가 위법 또는 부당한 것일 때에는 이를 거부하여야 한다.

경비업자는 불공정한 계약으로 경비원의 권익을 침해하거나 경비업의 건전한 육성과 발전을 해치는 행위를 하여서는 아니된다.

경비업자의 임 · 직원이거나 임 · 직원이었던 자는 다른 법률에 특별한 규정이 있는 경우를 제외하고는 그 직무상 알게 된 비밀을 누설하거나 다른 사람에게 제공하여 이용하도록 하는 등 부당한 목적을 위하여 사용하여서는 아니된다.

경비업자는 허가받은 경비업무외의 업무에 경비원을 종사하게 하여서는 아니된다.

경비업자는 집단민원현장에 경비원을 배치하는 때에는 경비지도사를 선임하고 그 장소에 배치하여 행정안전부령으로 정하는 바에 따라 경비원을 지도·감독하게 하여야 한다.

특수경비업무를 수행하는 경비업자(이하 "특수경비업자"라 한다)는 제4조제3항제5호의 규정에 의한 특수경비업무의 개시신고를 하는 때에는 국가중요시설에 대한 특수경비업무의 수행이 중단되는 경우 시설주의 동의를 얻어 다른 특수경비업자 중에서 경비업무를 대행할 자(이하 "경비대행업자"라 한다)를 지정하여 허가관청에 신고하여야 한다. 경비대행업자의 지정을 변경하는 경우에도 또한 같다.

특수경비업자는 국가중요시설에 대한 특수경비업무를 중단하게 되는 경우에는 미리 이를 제7항의 규정에 의한 경비대행업자에게 통보하여야 하며, 경비대행업자는 통보받은 즉시 그 경비업무를 인수하여야 한다. 이 경우 제7항의 규정은 경비대행업자에 대하여 이를 준용한다.

특수경비업자는 이 법에 의한 경비업과 경비장비의 제조·설비·판매업, 네트워크를 활용한 정보산업, 시설물 유지관리업 및 경비원 교육업 등 대통령령이 정하는 경비관련업외의 영업을 하여서는 아니된다.

(7) 경비업무 의무조항

경비업무 도급인 등의 의무조항은 제7조의2에서 누구든지 제4조제1항에 따른 허가를 받지 아니한 자에게 경비업무를 도급하여서는 아니된다.

누구든지 집단민원현장에 경비인력을 20명 이상 배치하려고 할 때에는 그 경비인력을 직접 고용하여서는 아니 되고, 경비업자에게 경비업무를 도급하여야 한다. 다만, 시설주 등이 집단민원현장 발생 3개월 전까지 직접 고용하여 경비업무를 수행하는 피고용인의 경우에는 그러하지 아니하다.

경비업무를 도급하는 자는 그 경비업무를 수급한 경비업자의 경비원 채용 시 무자격자나 부적격자 등을 채용하도록 관여하거나 영향력을 행사해서는 아니 된다.

무자격자 및 부적격자의 구체적인 범위 등은 대통령령으로 정한다.

경비업법 시행령 제7조의2에서 특수경비업자가 할 수 있는 영업범위는 법 제7조

제9항에서 "경비장비의 제조 · 설비 · 판매업, 네트워크를 활용한 정보산업, 시설물 유지관리업 및 경비원 교육업 등 대통령령이 정하는 경비관련업"이란 다음 각 호의 영업을 말한다.

1. 별표 1의2에 따른 영업
2. 제1호에 따른 영업에 부수되는 것으로서 경찰청장이 지정 · 고시하는 영업

영업의 범위에 관하여는 법 또는 이 영에 특별한 규정이 있는 경우를 제외하고는 「통계법」에 따라 통계청장이 고시하는 한국표준산업분류표에 따른다.

(8) 경비원 결격사유

경비지도사 및 경비원의 결격사유는 제10조에서 다음 각 호의 어느 하나에 해당하는 자는 경비지도사 또는 일반경비원이 될 수 없다.

1. 18세 미만인 사람 또는 피성년후견인
2. 파산선고를 받고 복권되지 아니한 자
3. 금고 이상의 실형의 선고를 받고 그 집행이 종료(집행이 종료된 것으로 보는 경우를 포함한다)되거나 집행이 면제된 날부터 5년이 지나지 아니한 자
4. 금고 이상의 형의 집행유예선고를 받고 그 유예기간 중에 있는 자
5. 다음 각 목의 어느 하나에 해당하는 죄를 범하여 벌금형을 선고받은 날부터 10년이 지나지 아니하거나 금고 이상의 형을 선고받고 그 집행이 종료된(종료된 것으로 보는 경우를 포함한다) 날 또는 집행이 유예 · 면제된 날부터 10년이 지나지 아니한 자
   가. 「형법」 제114조의 죄
   나. 「폭력행위 등 처벌에 관한 법률」 제4조의 죄
   다. 「형법」 제297조, 제297조의2, 제298조부터 제301조까지, 제301조의2, 제302조, 제303조, 제305조, 제305조의2의 죄
   라. 「성폭력범죄의 처벌 등에 관한 특례법」 제3조부터 제11조까지 및 제15조(제3조부터 제9조까지의 미수범만 해당한다)의 죄
   마. 「아동 · 청소년의 성보호에 관한 법률」 제7조 및 제8조의 죄
   바. 다목부터 마목까지의 죄로서 다른 법률에 따라 가중처벌되는 죄

6. 다음 각 목의 어느 하나에 해당하는 죄를 범하여 벌금형을 선고받은 날부터 5년이 지나지 아니하거나 금고 이상의 형을 선고받고 그 집행이 유예된 날부터 5년이 지나지 아니한 자
   가. 「형법」 제329조부터 제331조까지, 제331조의2 및 제332조부터 제343조까지의 죄
   나. 가목의 죄로서 다른 법률에 따라 가중처벌되는 죄

제5호 다목부터 바목까지의 어느 하나에 해당하는 죄를 범하여 치료감호를 선고받고 그 집행이 종료된 날 또는 집행이 면제된 날부터 10년이 지나지 아니한 자 또는 제6호 각 목의 어느 하나에 해당하는 죄를 범하여 치료감호를 선고받고 그 집행이 면제된 날부터 5년이 지나지 아니한 자

8. 이 법이나 이 법에 따른 명령을 위반하여 벌금형을 선고받은 날부터 5년이 지나지 아니하거나 금고 이상의 형을 선고받고 그 집행이 유예된 날부터 5년이 지나지 아니한 자

다음 각 호의 어느 하나에 해당하는 자는 특수경비원이 될 수 없다.

1. 18세 미만이거나 60세 이상인 사람 또는 피성년후견인
2. 심신상실자, 알코올 중독자 등 대통령령으로 정하는 정신적 제약이 있는 자
3. 제1항제2호부터 제8호까지의 어느 하나에 해당하는 자
4. 금고 이상의 형의 선고유예를 받고 그 유예기간 중에 있는 자
5. 행정안전부령으로 정하는 신체조건에 미달되는 자

경비업자는 제1항 각호 또는 제2항 각호의 결격사유에 해당하는 자를 경비지도사 또는 경비원으로 채용 또는 근무하게 하여서는 아니된다.

(9) 경비지도사 시험

제11조에서 경비지도사는 제10조제1항 각호의 1에 해당하지 아니하는 자로서 경찰청장이 시행하는 경비지도사시험에 합격하고 행정안전부령으로 정하는 교육을 받은 자이어야 한다.

경찰청장은 제1항의 규정에 의한 교육을 받은 자에게 행정안전부령으로 정하는 바에 따라 경비지도사자격증을 교부하여야 한다.

경비지도사시험은 매년 1회 이상 시행하며, 시험과목, 시험공고, 시험의 일부가 면제되는 자의 범위 그 밖에 경비지도사시험에 관하여 필요한 사항은 대통령령으로 정한다.

(10) 경비지도사 선임

제12조에서 경비업자는 대통령령이 정하는 바에 따라 경비지도사를 선임하여야 하며 선임된 경비지도사의 직무는 다음과 같다.

1. 경비원의 지도·감독·교육에 관한 계획의 수립·실시 및 그 기록의 유지
2. 경비현장에 배치된 경비원에 대한 순회점검 및 감독
3. 경찰기관 및 소방기관과의 연락방법에 대한 지도
4. 집단민원현장에 배치된 경비원에 대한 지도·감독
5. 그 밖에 대통령령이 정하는 직무

선임된 경비지도사는 제2항 각호의 규정에 의한 직무를 대통령령이 정하는 바에 따라 성실하게 수행하여야 한다.

(11) 경비원 교육

제13조에서 경비업자는 경비업무를 적정하게 실시하기 위하여 경비원으로 하여금 대통령령으로 정하는 바에 따라 경비원 신임교육 및 직무교육을 받게 하여야 한다. 다만, 경비업자는 대통령령으로 정하는 경력 또는 자격을 갖춘 일반경비원을 신임교육 대상에서 제외할 수 있다.

경비원이 되려는 사람은 대통령령으로 정하는 교육기관에서 미리 일반경비원 신임교육을 받을 수 있다.

특수경비업자는 대통령령으로 정하는 바에 따라 특수경비원으로 하여금 특수경비원 신임교육과 정기적인 직무교육을 받게 하여야 하고, 특수경비원 신임교육을 받지 아니한 자를 특수경비업무에 종사하게 하여서는 아니 된다.

특수경비원의 교육시 관할경찰서 소속 경찰공무원이 교육기관에 입회하여 대통령령이 정하는 바에 따라 지도·감독하여야 한다.

(12) 특수경비원 직무 및 무기사용

순찰중인 특수경비원

제14조에서 특수경비업자는 특수경비원으로 하여금 배치된 경비구역안에서 관할 경찰서장 및 공항경찰대장 등 국가중요시설의 경비책임자(이하 "관할 경찰관서장"이라 한다)와 국가중요시설의 시설주의 감독을 받아 시설을 경비하고 도난 · 화재 그 밖의 위험의 발생을 방지하는 업무를 수행하게 하여야 한다.

특수경비원은 국가중요시설에 대한 경비업무 수행중 국가중요시설의 정상적인 운영을 해치는 장해를 일으켜서는 아니된다.

시 · 도경찰청장은 국가중요시설에 대한 경비업무의 수행을 위하여 필요하다고 인정하는 때에는 시설주의 신청에 의하여 무기를 구입한다. 이 경우 시설주는 그 무기의 구입대금을 지불하고, 구입한 무기를 국가에 기부채납하여야 한다.

시 · 도경찰청장은 국가중요시설에 대한 경비업무의 수행을 위하여 필요하다고 인정하는 때에는 관할경찰관서장으로 하여금 시설주의 신청에 의하여 시설주로부터 국가에 기부채납된 무기를 대여하게 하고, 시설주는 이를 특수경비원으로 하여금 휴대하게 할 수 있다. 이 경우 특수경비원은 정당한 사유없이 무기를 소지하고 배치된 경비구역을 벗어나서는 아니된다.

시설주가 제4항의 규정에 의하여 대여받은 무기에 대하여 시설주 및 관할 경찰관서장은 무기의 관리책임을 지고, 관할 경찰관서장은 시설주 및 특수경비원의 무기관리상황을 대통령령이 정하는 바에 따라 지도 · 감독하여야 한다.

관할 경찰관서장은 무기의 적정한 관리를 위하여 제4항의 규정에 의하여 무기를 대여받은 시설주에 대하여 필요한 명령을 발할 수 있다.

시설주로부터 무기의 관리를 위하여 지정받은 책임자(관리책임자)는 다음 각호에 의하여 이를 관리하여야 한다.

1. 무기출납부 및 무기장비운영카드를 비치 · 기록하여야 한다.

2. 무기는 관리책임자가 직접 지급 · 회수하여야 한다.

특수경비원은 국가중요시설의 경비를 위하여 무기를 사용하지 아니하고는 다른 수단이 없다고 인정되는 때에는 필요한 한도 안에서 무기를 사용할 수 있다. 다만, 다음 각호의 1에 해당하는 때를 제외하고는 사람에게 위해를 끼쳐서는 아니된다.

1. 무기 또는 폭발물을 소지하고 국가중요시설에 침입한 자가 특수경비원으로부터 3회 이상 투기(投棄) 또는 투항(投降)을 요구받고도 이에 불응하면서 계속 항거하는 경우 이를 억제하기 위하여 무기를 사용하지 아니하고는 다른 수단이 없다고 인정되는 때
2. 국가중요시설에 침입한 무장간첩이 특수경비원으로부터 투항(投降)을 요구받고도 이에 불응한 때

사격훈련중인 특수경비원

특수경비원의 무기휴대, 무기종류, 그 사용기준 및 안전검사의 기준 등에 관하여 필요한 사항은 대통령령으로 정하며, 경비업법 시행령 제20조 특수경비원 무기휴대의 절차 등에서 시설주는 법 제14조제4항의 규정에 의하여 특수경비원이 휴대할 무기를 대여받고자 하는 때에는 무기대여신청서를 관할경찰서장 및 공항경찰대장 등 국가중요시설의 경비책임자(관할경찰관서장)를 거쳐 시 · 도경찰청장에게 제출하여야 한다.

시설주는 법 제14조제4항의 규정에 의하여 관할경찰관서장으로부터 대여받은 무기를 특수경비원에게 휴대하게 하는 경우에는 동조 제9항의 규정에 의하여 관할경찰관서장의 사전승인을 얻어야 한다.

사전승인을 함에 있어서 관할경찰관서장은 국가중요시설에 총기 또는 폭발물의 소지자나 무장간첩 침입의 우려가 있는지의 여부 등을 고려하는 등 특수경비원에게 무기를 지급하여야 할 필요성이 있는지의 여부에 관하여 판단하여야 한다.

시설주는 제3항의 규정에 의한 무기지급의 필요성이 해소되었다고 인정되는 때에는 특수경비원으로부터 즉시 무기를 회수하여야 한다.

법 제14조제9항의 규정에 의하여 특수경비원이 휴대할 수 있는 무기종류는 권총

및 소총으로 한다.

「위해성 경찰장비의 사용기준 등에 관한 규정」 제18조 및 별표 2의 규정은 법 제14조제9항의 규정에 의한 안전검사의 기준에 관하여 이를 준용한다.

시설주, 법 제14조제7항의 규정에 의한 관리책임자와 특수경비원은 행정안전부령이 정하는 무기관리수칙을 준수하여야 한다.

경비업법 시행규칙 제18조 무기의 관리수칙 등에서 경비업법 제14조 제4항의 규정에 의하여 무기를 대여받은 국가중요시설의 시설주 또는 동조 제7항의 규정에 의한 관리책임자는 다음 각호의 관리수칙에 따라 무기(탄약 포함)를 관리하여야 한다.

1. 무기의 관리를 위한 책임자를 지정하고 관할경찰관서장에게 이를 통보할 것
2. 무기고 및 탄약고는 단층에 설치하고 환기 · 방습 · 방화 및 총가 등의 시설을 할 것
3. 탄약고는 무기고와 사무실 등 많은 사람을 수용하거나 많은 사람이 오고 가는 시설과 떨어진 곳에 설치할 것
4. 무기고 및 탄약고에는 이중 잠금장치를 하여야 하며, 열쇠는 관리책임자가 보관하되, 근무시간 이후에는 열쇠를 당직책임자에게 인계하여 보관시킬 것
5. 관할경찰관서장이 정하는 바에 의하여 무기의 관리실태를 매월 파악하여 다음 달 3일까지 관할경찰관서장에게 통보할 것
6. 대여받은 무기를 빼앗기거나 대여받은 무기가 분실 · 도난 또는 훼손되는 등의 사고가 발생한 때에는 관할경찰관서장에게 그 사유를 지체없이 통보할 것
7. 대여받은 무기를 빼앗기거나 대여받은 무기가 분실 · 도난 또는 훼손된 때에는 경찰청장이 정하는 바에 의하여 그 전액을 배상할 것. 다만, 전시 · 사변, 천재 · 지변 그 밖의 불가항력의 사유가 있다고 시 · 도경찰청장이 인정한 때에는 그러하지 아니하다.
8. 시설주는 자체계획을 수립하여 보관하고 있는 무기를 매주 1회 이상 손질할 수 있게 할 것

시설주 또는 관리책임자는 고의 또는 과실로 무기(부속품 포함)를 빼앗기거나 무기가 분실 · 도난 또는 훼손되도록 한 특수경비원에 대하여 특수경비업자에게 교체 또

는 징계 등의 조치를 요청할 수 있다. 이 경우 특수경비업자는 특별한 사유가 없는 한 이에 응하여야 한다.

경비업법 제14조 제4항의 규정에 의하여 무기를 대여받은 시설주 또는 관리책임자가 특수경비원에게 무기를 출납하고자 하는 때에는 다음 각호의 관리수칙에 따라 무기를 관리하여야 한다.

1. 관할경찰관서장이 무기를 회수하여 집중적으로 관리하도록 지시하는 경우 또는 출납하는 탄약의 수를 증감하거나 출납을 중지하도록 지시하는 경우에는 이에 따를 것
2. 탄약의 출납은 소총에 어서는 1정당 15발 이내, 권총에 있어서는 1정당 7발 이내로 하되, 생산된 후 오래된 탄약을 우선적으로 출납할 것
3. 무기를 지급받은 특수경비원으로 하여금 무기를 매주 1회 이상 손질하게 할 것
4. 수리가 필요한 무기가 있는 때에는 그 목록과 무기장비운영카드를 첨부하여 관할경찰관서장에게 수리를 요청할 것

경비업법 제14조 제4항의 규정에 의하여 시설주로부터 무기를 지급받은 특수경비원은 다음 각호의 관리수칙에 따라 무기를 관리하여야 한다.

1. 무기를 지급받거나 반납하는 때 또는 무기의 인계 인수를 하는 때에는 반드시 "앞에 총"의 자세에서 "검사 총"을 할 것
2. 무기를 지급받은 때에는 별도의 지시가 없는 한 탄약은 무기로부터 분리하여 휴대하여야 하며, 소총은 "우로 어깨걸어 총"의 자세를 유지하고, 권총은 "권총집에 넣어 총"의 자세를 유지할 것
3. 지급받은 무기를 다른 사람에게 보관·휴대 또는 손질시키지 아니할 것
4. 무기를 손질 또는 조작하는 때에는 총구를 반드시 공중으로 향하게 할 것
5. 무기를 반납하는 때에는 손질을 철저히 한 후 반납하도록 할 것
6. 근무시간 이후에는 무기를 시설주에게 반납하거나 교대근무자에게 인계할 것

시설주는 다음 각호의 1에 해당하는 특수경비원에 대하여 무기를 지급하여서는 아니되며, 지급된 무기가 있는 경우 이를 즉시 회수하여야 한다.

1. 형사사건으로 인하여 조사를 받고 있는 사람
2. 사의를 표명한 사람

3. 정신질환자
4. 그 밖에 무기를 지급하기에 부적합하다고 인정되는 사람

시설주는 무기를 수송하는 때에는 출발하기 전에 관할경찰서장에게 그 사실을 통보하여야 하며, 통보를 받은 관할경찰서장은 1인 이상의 무장경찰관을 무기를 수송하는 자동차 등에 함께 타도록 하여야 한다.

(13) 특수경비원 의무

경비업법 제15조에서 특수경비원은 직무를 수행함에 있어 시설주·관할 경찰관서장 및 소속상사의 직무상 명령에 복종하여야 하며 소속상사의 허가 또는 정당한 사유없이 경비구역을 벗어나서는 아니된다.

특수경비원은 파업·태업 그 밖에 경비업무의 정상적인 운영을 저해하는 일체의 쟁의행위를 하여서는 아니된다.

특수경비원이 무기를 휴대하고 경비업무를 수행하는 때에는 다음 각호의 1에 정하는 무기의 안전사용수칙을 지켜야 한다.

1. 특수경비원은 사람을 향하여 권총 또는 소총을 발사하고자 하는 때에는 미리 구두 또는 공포탄에 의한 사격으로 상대방에게 경고하여야 한다. 다만, 다음 각목의 1에 해당하는 경우로서 부득이한 때에는 경고하지 아니할 수 있다.
   가. 특수경비원을 급습하거나 타인의 생명·신체에 대한 중대한 위험을 야기하는 범행이 목전에 실행되고 있는 등 상황이 급박하여 경고할 시간적 여유가 없는 경우
   나. 인질·간첩 또는 테러사건에 있어서 은밀히 작전을 수행하는 경우
2. 특수경비원은 무기를 사용하는 경우에 있어서 범죄와 무관한 다중의 생명·신체에 위해를 가할 우려가 있는 때에는 이를 사용하여서는 아니된다. 다만, 무기를 사용하지 아니하고는 타인 또는 특수경비원의 생명·신체에 대한 중대한 위협을 방지할 수 없다고 인정되는 때에는 필요한 최소한의 범위 안에서 이를 사용할 수 있다.
3. 특수경비원은 총기 또는 폭발물을 가지고 대항하는 경우를 제외하고는 14세 미만의 자 또는 임산부에 대하여는 권총 또는 소총을 발사하여서는 아니된다.

(14) 특수경비원 신체조건

경비업법 시행규칙 제7조에서 법 제10조제2항제4호에서 “행정안전부령이 정하는 신체조건”이라 함은 팔과 다리가 완전하고 두 눈의 맨눈시력 각각 0.2 이상 또는 교정시력 각각 0.8 이상을 말한다.

경비업법 시행령 제19조에서 특수경비업자는 특수경비원을 채용한 경우 법 제13조제3항에 따라 해당 특수경비원에게 특수경비업자의 부담으로 다음 각 호의 기관 또는 단체에서 실시하는 특수경비원 신임교육을 받도록 하여야 한다.

1. 「경찰공무원 교육훈련규정」 제2조제3호에 따른 경찰교육기관
2. 행정안전부령으로 정하는 기준에 적합한 기관 또는 단체 중 경찰청장이 지정하여 고시하는 기관 또는 단체

특수경비업자는 채용 전 3년 이내에 특수경비업무에 종사하였던 경력이 있는 사람을 특수경비원으로 채용한 경우에는 해당 특수경비원을 특수경비원 신임교육 대상에서 제외할 수 있다.

특수경비업자는 법 제13조제3항에 따라 소속 특수경비원에게 법 제12조에 따라 선임한 경비지도사가 수립한 교육계획에 따라 매월 행정안전부령으로 정하는 시간 이상의 직무교육을 받도록 하여야 한다.

신임교육의 과목 및 시간, 제3항에 따른 직무교육의 과목 등 특수경비원의 교육 실시에 필요한 사항은 행정안전부령으로 정한다.

(15) 보안지도점검

경비업법 제25조 보안지도 · 점검 등에서 시 · 도경찰청장은 대통령령이 정하는 바에 따라 특수경비업자에 대하여 보안지도 · 점검을 실시하여야 하고, 필요한 경우 관계기관에 보안측정을 요청하여야 한다.

경비업법 제29조 보안지도점검에서 시 · 도경찰청장은 경비업법 제25조의 규정에 의하여 특수경비업자에 대하여 연 2회 이상의 보안지도 · 점검을 실시하여야 한다.

(16) 비밀취급인가

경비업법 시행령 제6조 특수경비업자의 업무개시전의 조치에서 경비업법 제2조

제1호 마목의 규정에 의한 특수경비업무를 수행하는 경비업자("특수경비업자"라고 함)는 경비업법 제4조 제3항 제5호의 규정에 의하여 첫 업무개시의 신고를 하기 전에 시·도경찰청장의 비밀취급인가를 받아야 한다.

시·도경찰청장은 제1항의 규정에 의하여 특수경비업자에게 비밀취급인가를 하고자 하는 때에는 법 제25조의 규정에 의하여 특수경비업자로 하여금 경찰청장을 거쳐 국가정보원장에게 보안측정을 요청하도록 하여야 한다.

제2절 청원경찰법 관련규정

1. 청원경찰법에서 정한 국가중요시설 경비

(1) 청원경찰의 직무

청원경찰법 제3조 청원경찰의 직무에서 청원경찰은 제4조제2항에 따라 청원경찰의 배치 결정을 받은 자["청원주"(請願主)라고 함]와 배치된 기관·시설 또는 사업장 등의 구역을 관할하는 경찰서장의 감독을 받아 그 경비구역만의 경비를 목적으로 필요한 범위에서 「경찰관 직무집행법[8]」에 따른 경찰관의 직무[9]를 수행한다.

(2) 청원경찰 배치

청원경찰법 제4조 청원경찰의 배치에서 청원경찰을 배치 받으려는 자는 대통령령으로 정하는 바에 따라 관할 시·도경찰청장에게 청원경찰 배치를 신청하여야 하며, 시·도경찰청장은 제1항의 청원경찰 배치 신청을 받으면 지체 없이 그 배치 여부를 결정하여 신청인에게 알려야 한다.

(3) 청원경찰 임용

청원경찰법 제5조 청원경찰의 임용 등에서 청원경찰은 청원주가 임용하되, 임용을 할 때에는 미리 시·도경찰청장의 승인을 받아야 하며, 청원경찰은 청원주가 임용하되, 임용을 할 때에는 미리 시·도경찰청장의 승인을 받아야 한다.

또한, 「국가공무원법」 제33조 각 호의 어느 하나의 결격사유에 해당하는 사람은 청원경찰로 임용될 수 없으며, 청원경찰의 임용자격·임용방법·교육 및 보수에 관하여는 대통령령[10]으로 정한다.

---

8) 경찰관직무집행법 제1조에서 국민의 자유와 권리 및 모든 개인이 가지는 불가침의 기본적 인권을 보호하고 사회공공의 질서를 유지하기 위한 경찰관(경찰공무원만 해당한다. 이하 같다)의 직무 수행에 필요한 사항을 규정함을 목적으로 하며, 이 법에 규정된 경찰관의 직권은 그 직무 수행에 필요한 최소한도에서 행사되어야 하며 남용되어서는 아니 된다.라고 규정하고 있음.

9) 경찰관직무집행법 제2조(직무의 범위)에서 경찰관은 1. 국민의 생명·신체 및 재산의 보호 2. 범죄의 예방·진압 및 수사 2의2. 범죄피해자 보호 3. 경비, 주요 인사(人士) 경호 및 대간첩·대테러 작전 수행 4. 공공안녕에 대한 위험의 예방과 대응을 위한 정보의 수집·작성 및 배포 5. 교통 단속과 교통 위해(危害)의 방지 6. 외국 정부기관 및 국제기구와의 국제협력 7. 그 밖에 공공의 안녕과 질서 유지 등의 직무를 수행하도록 규정하고 있음

국가공무원법 제33조(결격사유) 다음 각 호의 어느 하나에 해당하는 자는 공무원으로 임용될 수 없다.
1. 피성년후견인 또는 피한정후견인
2. 파산선고를 받고 복권되지 아니한 자
3. 금고 이상의 실형을 선고받고 그 집행이 종료되거나 집행을 받지 아니하기로 확정된 후 5년이 지나지 아니한 자
4. 금고 이상의 형을 선고받고 그 집행유예 기간이 끝난 날부터 2년이 지나지 아니한 자
5. 금고 이상의 형의 선고유예를 받은 경우에 그 선고유예 기간 중에 있는 자
6. 법원의 판결 또는 다른 법률에 따라 자격이 상실되거나 정지된 자
6의2. 공무원으로 재직기간 중 직무와 관련하여 「형법」 제355조 및 제356조에 규정된 죄를 범한 자로서 300만원 이상의 벌금형을 선고받고 그 형이 확정된 후 2년이 지나지 아니한 자
6의3. 「성폭력범죄의 처벌 등에 관한 특례법」 제2조에 규정된 죄를 범한 사람으로서 100만원 이상의 벌금형을 선고받고 그 형이 확정된 후 3년이 지나지 아니한 사람
6의4. 미성년자에 대한 다음 각 목의 어느 하나에 해당하는 죄를 저질러 파면·해임되거나 형 또는 치료감호를 선고받아 그 형 또는 치료감호가 확정된 사람(집행유예를 선고받은 후 그 집행유예기간이 경과한 사람을 포함한다)
가. 「성폭력범죄의 처벌 등에 관한 특례법」 제2조에 따른 성폭력범죄
나. 「아동·청소년의 성보호에 관한 법률」 제2조제2호에 따른 아동·청소년대상 성범죄
7. 징계로 파면처분을 받은 때부터 5년이 지나지 아니한 자
8. 징계로 해임처분을 받은 때부터 3년이 지나지 아니한 자

청원경찰의 복무에 관하여는 「국가공무원법」 제57조, 제58조제1항, 제60조 및 「경찰공무원법」 제24조를 준용한다.

10) 청원경찰법 시행령 제3조(임용자격) 법 제5조 제3항에 따른 청원경찰의 임용자격은 다음 각 호와 같다.
1. 18세 이상인 사람
2. 행정안전부령으로 정하는 신체조건에 해당하는 사람
청원경찰법 시행규칙 제4조(임용의 신체조건) 시행령 제3조제2호에 따른 신체조건은 다음 각 호와 같다.
1. 신체가 건강하고 팔다리가 완전할 것 2. 시력(교정시력을 포함한다)은 양쪽 눈이 각각 0.8 이상일 것
제4조(임용방법 등) ① 법 제4조제2항에 따라 청원경찰의 배치 결정을 받은 자(이하 "청원주"라 한다)는 법 제5조제1항에 따라 그 배치 결정의 통지를 받은 날부터 30일 이내에 배치 결정된 인원수의 임용예정자에 대하여 청원경찰 임용승인을 시·도경찰청장에게 신청하여야 한다.
② 청원주가 법 제5조제1항에 따라 청원경찰을 임용하였을 때에는 임용한 날부터 10일 이내에 그 임용사항을 관할 경찰서장을 거쳐 시·도경찰청장에게 보고하여야 한다. 청원경찰이 퇴직하였을 때에도 또한 같다.
제7조(복무) 법 제5조 제4항에서 규정한 사항 외에 청원경찰의 복무에 관하여는 해당 사업장의 취업규칙에 따른다.

(4) 청원경찰 징계

청원경찰법 제5조의2 청원경찰의 징계에서 청원주는 청원경찰이 다음 각 호의 어느 하나에 해당하는 때에는 대통령령으로 정하는 징계절차를 거쳐 징계처분을 하여야 한다.

청원경찰법 시행령 제8조 징계에서 관할 경찰서장은 청원경찰이 법 제5조의2제1항 각 호의 어느 하나에 해당한다고 인정되면 청원주에게 해당 청원경찰에 대하여 징계처분을 하도록 요청할 수 있다.

법 제5조의2제2항의 정직(停職)은 1개월 이상 3개월 이하로 하고, 그 기간에 청원경찰의 신분은 보유하나 직무에 종사하지 못하며, 보수의 3분의 2를 줄인다.

법 제5조의2제2항의 감봉은 1개월 이상 3개월 이하로 하고, 그 기간에 보수의 3분의 1을 줄인다.

법 제5조의2제2항의 견책(譴責)은 전과(前過)에 대하여 훈계하고 회개하게 한다.

청원주는 청원경찰 배치 결정의 통지를 받았을 때에는 통지를 받은 날부터 15일 이내에 청원경찰에 대한 징계규정을 제정하여 관할 시 · 도경찰청장에게 신고하여야 한다. 징계규정을 변경할 때에도 또한 같다.

시 · 도경찰청장은 제5항에 따른 징계규정의 보완이 필요하다고 인정할 때에는 청원주에게 그 보완을 요구할 수 있다.

(5) 청원경찰 경비

청원경찰법 제6조 청원경찰 경비에서 청원주는 다음 각 호의 청원경찰 경비를 부담하여야 한다.

1. 청원경찰에게 지급할 봉급과 각종 수당
2. 청원경찰의 피복비
3. 청원경찰의 교육비
4. 제7조에 따른 보상금 및 제7조의2에 따른 퇴직금

국가기관 또는 지방자치단체에 근무하는 청원경찰의 보수는 다음 각 호의 구분에 따라 같은 재직기간에 해당하는 경찰공무원의 보수를 감안하여 대통령령으로 정한다.

1. 재직기간 15년 미만: 순경

2. 재직기간 15년 이상 23년 미만: 경장
3. 재직기간 23년 이상 30년 미만: 경사
4. 재직기간 30년 이상: 경위

청원주의 제1항제1호에 따른 봉급 · 수당의 최저부담기준액(국가기관 또는 지방자치단체에 근무하는 청원경찰의 봉급 · 수당은 제외한다)과 같은 항 제2호 및 제3호에 따른 비용의 부담기준액은 경찰청장이 정하여 고시(告示)한다.

(6) 청원경찰 교육

청원경찰법 시행령 제5조 교육에서 청원주는 청원경찰로 임용된 사람으로 하여금 경비구역에 배치하기 전에 경찰교육기관에서 직무 수행에 필요한 교육을 받게 하여야 한다. 다만, 경찰교육기관의 교육계획상 부득이하다고 인정할 때에는 우선 배치하고 임용 후 1년 이내에 교육을 받게 할 수 있다.

경찰공무원(의무경찰을 포함한다) 또는 청원경찰에서 퇴직한 사람이 퇴직한 날부터 3년 이내에 청원경찰로 임용되었을 때에는 제1항에 따른 교육을 면제할 수 있다.

제1항의 교육기간 · 교육과목 · 수업시간 및 그 밖에 교육의 시행에 필요한 사항은 행정안전부령으로 정한다.

청원경찰법 시행규칙 제6조 교육기간 등에서 영 제5조제3항에 따른 교육기간은 2주로 하고, 교육과목 및 수업시간은 별표 1과 같다.

청원경찰법 시행규칙 제13조 직무교육에서 청원주는 소속 청원경찰에게 그 직무집행에 필요한 교육을 매월 4시간 이상 하여야 한다.

청원경찰이 배치된 사업장의 소재지를 관할하는 경찰서장은 필요하다고 인정하는 경우에는 그 사업장에 소속 공무원을 파견하여 직무집행에 필요한 교육을 할 수 있다.

■ 청원경찰법 시행규칙 [별표 1]

청원경찰의 교육과목 및 수업시간표(제6조 관련)

학과별	과목		시간
정신교육		정신교육	8
학술교육		형사법 청원경찰법	10 5
실무교육	경무	경찰관직무집행법	5
	방범	방범업무	3
		경범죄처벌법	2
	경비	시설경비	6
		소방	4
	정보	대공이론	2
		불심검문	2
	민방위	민방공	3
		화생방	2
	기본훈련		5
	총기조작		2
	총검술		2
	사격		6
술과	체포술 및 호신술		6
기타	입교 · 수료 및 평가		3

(7) 제복착용 및 무기휴대

청원경찰법 제8조 제복 착용과 무기 휴대에서 청원경찰은 근무 중 제복을 착용하여야 하며 시 · 도경찰청장은 청원경찰이 직무를 수행하기 위하여 필요하다고 인정하면 청원주의 신청을 받아 관할 경찰서장으로 하여금 청원경찰에게 무기를 대여하여 지니게 할 수 있다.

청원경찰의 복제(服制)와 무기 휴대에 필요한 사항은 대통령령으로 정한다.

청원경찰법 시행령 제16조 무기 휴대에서 청원주가 법 제8조 제2항에 따라 청원경찰이 휴대할 무기를 대여 받으려는 경우에는 관할 경찰서장을 거쳐 시 · 도경찰청장에게 무기대여를 신청하여야 한다.

제1항의 신청을 받은 시 · 도경찰청장이 무기를 대여하여 휴대하게 하려는 경우에

는 청원주로부터 국가에 기부채납된 무기에 한정하여 관할 경찰서장으로 하여금 무기를 대여하여 휴대하게 할 수 있다.

제1항에 따라 무기를 대여하였을 때에는 관할 경찰서장은 청원경찰의 무기관리 상황을 수시로 점검하여야 하며 청원주 및 청원경찰은 행정안전부령으로 정하는 무기관리수칙을 준수하여야 한다.

청원경찰법 시행규칙 제9조 복제에서 시행령 제14조에 따른 청원경찰의 제복 · 장구(裝具) 및 부속물의 종류는 다음 각 호와 같다.

1. 제복: 정모(正帽), 기동모, 근무복(하복, 동복), 성하복(盛夏服), 기동복, 점퍼, 비옷, 방한복, 외투, 단화, 기동화 및 방한화
2. 장구: 허리띠, 경찰봉, 호루라기 및 포승(捕繩)
3. 부속물: 모자표장, 가슴표장, 휘장, 계급장, 넥타이핀, 단추 및 장갑

시행령 제14조에 따른 청원경찰의 제복 · 장구(裝具) 및 부속물의 제식(制式)과 재질은 다음 각 호와 같다.

1. 제복의 제식 및 재질은 청원주가 결정하되, 경찰공무원 또는 군인 제복의 색상과 명확하게 구별될 수 있어야 하며, 사업장별로 통일하여야 한다. 다만, 기동모와 기동복의 색상은 진한 청색으로 하고, 기동복의 제식은 별도 1과 같이 한다.
2. 장구의 제식과 재질은 경찰 장구와 같이 한다.
3. 부속물의 제식과 재질은 다음 각 목과 같이 한다.
   가. 모자표장의 제식과 재질은 별도 2와 같이 하되, 기동모의 표장은 정모 표장의 2분의 1 크기로 할 것.
   나. 가슴표장, 휘장, 계급장, 넥타이핀 및 단추의 제식과 재질은 별도 3부터 별도 7까지와 같이 할 것.

청원경찰은 평상근무 중에는 정모, 근무복, 단화, 호루라기, 경찰봉 및 포승을 착용하거나 휴대하여야 하고, 총기를 휴대하지 아니할 때에는 분사기를 휴대하여야 하며, 교육훈련이나 그 밖의 특수근무 중에는 기동모, 기동복, 기동화 및 휘장을 착용하거나 부착하되, 허리띠와 경찰봉은 착용하거나 휴대하지 아니할 수 있다.

가슴표장, 휘장 및 계급장을 달거나 부착할 위치는 별도 8과 같다.

(8) 감독

청원경찰법 제9조의3 감독에서 청원주는 항상 소속 청원경찰의 근무 상황을 감독하고, 근무 수행에 필요한 교육을 하여야 하며 시 · 도경찰청장은 청원경찰의 효율적인 운영을 위하여 청원주를 지도하며 감독상 필요한 명령을 할 수 있다.

(9) 쟁의행위 및 직권남용 금지

청원경찰법 제9조의4 쟁의행위의 금지에서 청원경찰은 파업, 태업 또는 그 밖에 업무의 정상적인 운영을 방해하는 일체의 쟁의행위를 하여서는 아니 된다.

청원경찰법 제10조 직권남용 금지 등에서 청원경찰이 직무를 수행할 때 직권을 남용하여 국민에게 해를 끼친 경우에는 6개월 이하의 징역이나 금고에 처한다.

청원경찰 업무에 종사하는 사람은 「형법」이나 그 밖의 법령에 따른 벌칙을 적용할 때에는 공무원으로 본다.

(10) 배상책임 및 권한위임

청원경찰법 제10조의2 청원경찰의 불법행위에 대한 배상책임에서 청원경찰(국가기관이나 지방자치단체에 근무하는 청원경찰은 제외한다)의 직무상 불법행위에 대한 배상책임에 관하여는 「민법」의 규정을 따른다.

청원경찰법 제10조의3 권한의 위임에서 이 법에 따른 시 · 도경찰청장의 권한은 그 일부를 대통령령으로 정하는 바에 따라 관할 경찰서장에게 위임할 수 있다.

청원경찰법 시행령 제20조 권한의 위임에서 시 · 도경찰청장은 법 제10조의3에 따라 다음 각 호의 권한을 관할 경찰서장에게 위임한다. 다만, 청원경찰을 배치하고 있는 사업장이 하나의 경찰서의 관할구역에 있는 경우로 한정한다.

1. 법 제4조제2항 및 제3항에 따른 청원경찰 배치의 결정 및 요청에 관한 권한
2. 법 제5조제1항에 따른 청원경찰의 임용승인에 관한 권한
3. 법 제9조의3제2항에 따른 청원주에 대한 지도 및 감독상 필요한 명령에 관한 권한
4. 법 제12조에 따른 과태료 부과 · 징수에 관한 권한

(11) 면직

청원경찰법 제10조의4 의사에 반한 면직에서 청원경찰은 형의 선고, 징계처분 또는 신체상·정신상의 이상으로 직무를 감당하지 못할 때를 제외하고는 그 의사(意思)에 반하여 면직(免職)되지 아니한다.

청원주가 청원경찰을 면직시켰을 때에는 그 사실을 관할 경찰서장을 거쳐 시·도 경찰청장에게 보고하여야 한다.

(12) 배치의 폐지

청원경찰법 제10조의5 배치의 폐지 등에서 청원주는 청원경찰이 배치된 시설이 폐쇄되거나 축소되어 청원경찰의 배치를 폐지하거나 배치인원을 감축할 필요가 있다고 인정하면 청원경찰의 배치를 폐지하거나 배치인원을 감축할 수 있다. 다만, 청원주는 다음 각 호의 어느 하나에 해당하는 경우에는 청원경찰의 배치를 폐지하거나 배치인원을 감축할 수 없다.

1. 청원경찰을 대체할 목적으로 「경비업법」에 따른 특수경비원을 배치하는 경우
2. 청원경찰이 배치된 기관·시설 또는 사업장 등이 배치인원의 변동사유 없이 다른 곳으로 이전하는 경우

제1항에 따라 청원주가 청원경찰을 폐지하거나 감축하였을 때에는 청원경찰 배치결정을 한 경찰관서의 장에게 알려야 하며, 그 사업장이 제4조제3항에 따라 시·도 경찰청장이 청원경찰의 배치를 요청한 사업장일 때에는 그 폐지 또는 감축 사유를 구체적으로 밝혀야 한다.

제1항에 따라 청원경찰의 배치를 폐지하거나 배치인원을 감축하는 경우 해당 청원주는 배치폐지나 배치인원 감축으로 과원(過員)이 되는 청원경찰 인원을 그 기관·시설 또는 사업장 내의 유사 업무에 종사하게 하거나 다른 시설·사업장 등에 재배치하는 등 청원경찰의 고용이 보장될 수 있도록 노력하여야 한다.

(13) 당연퇴직

청원경찰법 제10조의6 당연 퇴직에서 청원경찰이 다음 각 호의 어느 하나에 해당할 때에는 당연 퇴직된다.

1. 제5조제2항에 따른 임용결격사유에 해당될 때
2. 제10조의5에 따라 청원경찰의 배치가 폐지되었을 때
3. 나이가 60세가 되었을 때. 다만, 그 날이 1월부터 6월 사이에 있으면 6월 30일에, 7월부터 12월 사이에 있으면 12월 31일에 각각 당연 퇴직된다.

(14) 벌칙 및 과태료

청원경찰법 제11조 벌칙에서 제9조의4를 위반하여 파업, 태업 또는 그 밖에 업무의 정상적인 운영을 방해하는 쟁의행위를 한 사람은 1년 이하의 징역 또는 1천만원 이하의 벌금에 처한다.

청원경찰법 제12조 과태료에서 다음 각 호의 어느 하나에 해당하는 자에게는 500만원 이하의 과태료를 부과한다.

1. 제4조제2항에 따른 시·도경찰청장의 배치 결정을 받지 아니하고 청원경찰을 배치하거나 제5조제1항에 따른 시·도경찰청장의 승인을 받지 아니하고 청원경찰을 임용한 자
2. 정당한 사유 없이 제6조제3항에 따라 경찰청장이 고시한 최저부담기준액 이상의 보수를 지급하지 아니한 자
3. 제9조의3제2항에 따른 감독상 필요한 명령을 정당한 사유 없이 이행하지 아니한 자

제1항에 따른 과태료는 대통령령으로 정하는 바에 따라 시·도경찰청장이 부과·징수한다.

청원경찰법 시행령 제21조 과태료의 부과기준 등에서 법 제12조제1항에 따른 과태료의 부과기준은 별표 2와 같다.

■ 청원경찰법 시행령 [별표 2]

과태료의 부과기준(제21조제1항 관련)

위반행위	해당 법조문	과태료 금액
1. 법 제4조제2항에 따른 시·도경찰청장의 배치 결정을 받지 않고 다음 각 목의 시설에 청원경찰을 배치한 경우	법 제12조 제1항제1호	
가. 국가 중요 시설(국가정보원장이 지정하는 국가보안 목표 시설을 말한다)인 경우		500만원
나. 가목에 따른 국가 중요 시설 외의 시설인 경우		400만원
2. 법 제5조제1항에 따른 시·도경찰청장의 승인을 받지 않고 다음 각 목의 청원경찰을 임용한 경우	법 제12조 제1항제1호	
가. 법 제5조제2항에 따른 임용 결격사유에 해당하는 청원경찰		500만원
나. 법 제5조제2항에 따른 임용 결격사유에 해당하지 않고 청원경찰		300만원
3. 정당한 사유 없이 법 제6조제3항에 따라 경찰청장이 고시한 최저부담기준액 이상의 보수를 지급하지 않은 경우	법 제12조 제1항제2호	500만원
4. 법 제9조의3제2항에 따른 시·도경찰청장의 감독상 필요한 다음 각 목의 명령을 정당한 사유 없이 이행하지 않은 경우	법 제12조 제1항제3호	
가. 총기·실탄 및 분사기에 관한 명령		500만원
나. 가목에 따른 명령 외의 명령		300만원

시·도경찰청장은 위반행위의 동기, 내용 및 위반의 정도 등을 고려하여 별표 2에 따른 과태료 금액의 100분의 50의 범위에서 그 금액을 줄이거나 늘릴 수 있다. 다만, 늘리는 경우에는 법 제12조제1항에 따른 과태료 금액의 상한을 초과할 수 없다.

제3절 통합방위법 관련규정

1. 통합방위법에서 정한 국가중요시설 경비

(1) 통합방위법 목적

통합방위법 제1조는 이 법은 적(敵)의 침투 · 도발이나 그 위협에 대응하기 위하여 국가 총력전(總力戰)의 개념을 바탕으로 국가방위요소를 통합 · 운용하기 위한 통합방위 대책을 수립 · 시행하기 위하여 필요한 사항을 규정함을 목적으로 한다.라고 규정하고 있다.

(2) 통합방위법에서 정한 용어정의

1. "통합방위"란 적의 침투 · 도발이나 그 위협에 대응하기 위하여 각종 국가방위요소를 통합하고 지휘체계를 일원화하여 국가를 방위하는 것을 말한다.
2. "통합방위사태"란 적의 침투 · 도발이나 그 위협에 대응하여 제6호부터 제8호까지의 구분에 따라 선포하는 단계별 사태를 말한다.
3. "통합방위작전"이란 통합방위사태가 선포된 지역에서 제15조에 따라 통합방위본부장, 지역군사령관, 함대사령관 또는 시 · 도경찰청장("작전지휘관"이라 함)이 국가방위요소를 통합하여 지휘 · 통제하는 방위작전을 말한다.
4. "갑종사태"란 일정한 조직체계를 갖춘 적의 대규모 병력 침투 또는 대량살상무기(大量殺傷武器) 공격 등의 도발로 발생한 비상사태로서 통합방위본부장 또는 지역군사령관의 지휘 · 통제 하에 통합방위작전을 수행하여야 할 사태를 말한다.
5. "을종사태"란 일부 또는 여러 지역에서 적이 침투 · 도발하여 단기간 내에 치안이 회복되기 어려워 지역군사령관의 지휘 · 통제 하에 통합방위작전을 수행하여야 할 사태를 말한다.
5. "병종사태"란 적의 침투 · 도발 위협이 예상되거나 소규모의 적이 침투하였을 때에 시 · 도경찰청장, 지역군사령관 또는 함대사령관의 지휘 · 통제 하에 통합방위작전을 수행하여 단기간 내에 치안이 회복될 수 있는 사태를 말한다.
6. "침투"란 적이 특정 임무를 수행하기 위하여 대한민국 영역을 침범한 상태를 말한다.

7. “도발”이란 적이 특정 임무를 수행하기 위하여 대한민국 국민 또는 영역에 위해(危害)를 가하는 모든 행위를 말한다.
8. “위협”이란 대한민국을 침투 · 도발할 것으로 예상되는 적의 침투 · 도발 능력과 기도(企圖)가 드러난 상태를 말한다.
9. “방호”란 적의 각종 도발과 위협으로부터 인원 · 시설 및 장비의 피해를 방지하고 모든 기능을 정상적으로 유지할 수 있도록 보호하는 작전 활동을 말한다.
10. “국가중요시설”이란 공공기관, 공항 · 항만, 주요 산업시설 등 적에 의하여 점령 또는 파괴되거나 기능이 마비될 경우 국가안보와 국민생활에 심각한 영향을 주게 되는 시설을 말한다.

(3) 국가중요시설 및 취약지역 관리

통합방위법 제21조 국가중요시설의 경비 · 보안 및 방호에서 국가중요시설의 관리자(소유자 포함)는 경비 · 보안 및 방호책임을 지며, 통합방위사태에 대비하여 자체방호계획을 수립하여야 한다. 이 경우 국가중요시설의 관리자는 자체방호계획을 수립하기 위하여 필요하면 시 · 도경찰청장 또는 지역군사령관에게 협조를 요청할 수 있다.

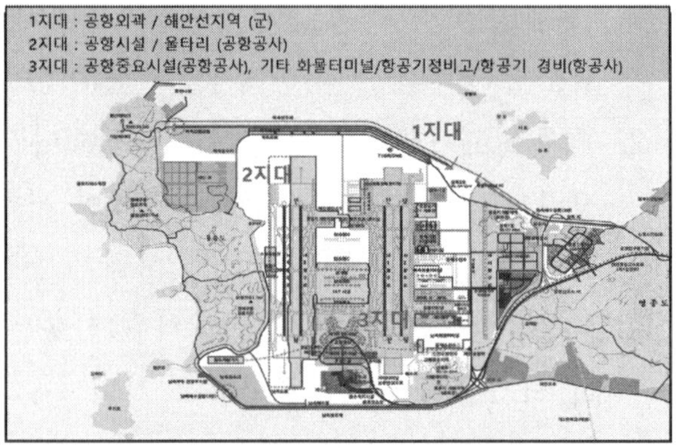

3지대 방호개념으로 보호되는 공항

시 · 도경찰청장 또는 지역군사령관은 통합방위사태에 대비하여 국가중요시설에 대한 방호지원계획을 수립 · 시행하여야 한다.

국가중요시설의 평시 경비 · 보안활동에 대한 지도 · 감독은 관계 행정기관의 장과 국가정보원장이 수행하며, 국가중요시설은 국방부장관이 관계 행정기관의 장 및 국가정보원장과 협의하여 지정한다.

국가중요시설의 자체방호, 방호지원계획, 그 밖에 필요한 사항은 대통령[11]령으로

11) 통합방위법 시행령 제9조(직장협의회를 두는 직장의 범위) 법 제6조제2항에 따라 직장 통합방위협의회를 두어야 하는 직장의 범위는 다음 각 호와 같다.

정한다.

통합방위법 제22조 취약지역의 선정 및 관리 등에서 시 · 도지사는 다음 각 호의 어느 하나에 해당하는 지역을 대통령령으로 정하는 바에 따라 연 1회 분석하여 시 · 도 협의회의 심의를 거쳐 취약지역으로 선정하거나 선정된 취약지역을 해제할 수 있다. 이 경우 선정하거나 해제한 결과를 통합방위본부장에게 통보하여야 한다.

1. 교통 · 통신시설이 낙후되어 즉각적인 통합방위작전이 어려운 오지(奧地) 또는 벽지(僻地)
2. 간첩이나 무장공비가 침투한 사실이 있거나 이들이 숨어서 활동하기 쉬운 지역
3. 적이 저공(低空) 침투하거나 저속 항공기가 착륙하기 쉬운 탁 트인 곳 또는 호수
4. 그 밖에 대통령령으로 정하는 지역

통합방위본부장은 둘 이상의 시 · 도에 걸쳐 있거나 국가적인 통합방위 대비책이 필요한 지역을 실무위원회의 심의를 거쳐 취약지역으로 선정하거나 선정된 취약지역을 해제할 수 있다. 이 경우 선정하거나 해제한 결과를 관할 시 · 도지사에게 통보하여야 한다.

시 · 도지사는 제1항과 제2항에 따라 선정된 취약지역에 장애물을 설치하는 등 취약지역의 통합방위를 위하여 필요한 대비책을 마련하여야 한다.

지역군사령관은 취약지역 중 방호 활동이 필요하다고 인정되는 해안 또는 강안(江岸)에 철책 등 차단시설을 설치하고 대통령령으로 정하는 바에 따라 민간인의 출입을 제한할 수 있다.

제3항에 따른 취약지역의 통합방위 대비책에 관하여 필요한 사항은 대통령령으로 정하는 기준에 따라 시 · 도의 조례로 정한다.

통합방위법 시행령 제33조(탁 트인 곳 또는 호수의 정의) 법 제22조제1항제3호에 따른 탁 트인 곳 또는 호수는 다음 각 호의 기준에 해당하는 것으로 한다.

1. 폭 30미터 이상, 길이 250미터 이상(길이 방향으로 전 · 후에 장애물이 없는 경우에는 길이 200미터 이상을 말한다)의 규모

---

1. 중대급 이상의 예비군 부대가 편성된 직장[소대급의 직장예비군 자원(資源)이 있는 직장도 원하는 경우에는 직장협의회를 둘 수 있다]
2. 법 제21조제4항에 따라 지정된 국가중요시설인 직장

2. 탁 트인 곳의 경사도는 정방향으로 12도 이내, 좌 · 우측 방향으로 5도이내
3. 호수는 수심 80센티미터 이상

통합방위법 시행령 제34조(취약지역의 선정 및 해제 등) 법 제22조제1항제4호에서 "대통령령으로 정하는 지역"이란 해역, 해안 및 섬 등의 지역 중 적이 침투하거나 숨어서 활동하기 쉬운 지역을 말한다.

지역군사령관, 함대사령관 및 시 · 도경찰청장은 매년 관할구역 중 법 제22조제1항 각 호에 해당하는 지역에 대하여 지형의 특성, 적의 침투에 취약한 요소 및 지역개발에 따른 통합방위환경의 변화 실태 등을 검토 · 분석하여 특별시장 · 광역시장 · 특별자치시장 · 도지사 · 특별자치도지사(이하 "시 · 도지사"라 한다)에게 그 내용을 통보하여야 한다.

시 · 도지사는 법 제22조제1항에 따라 취약지역을 선정하거나 선정된 취약지역을 해제하는 경우에는 제2항에 따라 통보받은 내용 및 그 지역에 대한 자체분석 결과를 고려하고, 시 · 도 협의회의 심의를 거쳐야 한다.

통합방위법 시행령 제35조(차단시설의 설치 및 출입제한) 지역군사령관이 법 제22조제4항에 따라 취약지역에 차단시설을 설치하여 민간인의 출입을 제한하려면 미리 시 · 도지사에게 그 사실을 통보하여야 하고, 별표의 표지를 철책 등의 차단시설에 300미터 이내의 간격으로 부착하여야 한다.

지역군사령관은 제1항에 따라 차단시설이 설치된 취약지역에 출입하려는 민간인에 대해서는 인적사항, 출입목적 및 출입지역을 확인하여 출입제한 조치를 할 수 있다.

통합방위법 시행령 제36조(취약지역 통합방위 대비책의 기준) 법 제22조제5항에 따른 취약지역의 통합방위 대비책에 관한 세부 사항에는 다음 각 호의 사항이 포함되어야 한다.

1. 일반적인 사항으로서 다음 각 목의 사항
   가. 취약지역의 도로 개설에 대한 연차계획
   나. 통합방위작전을 위한 통신망의 확보 · 유지
   다. 취약지역 내 주민 신고망의 조직
   라. 관계 기관과의 협조하에 적 침투전술 및 신고요령에 대한 계몽과 홍보 활동
   마. 거동이 수상한 사람의 식별 및 신고를 위한 주기적 신고 훈련

바. 취약지역에 대한 대민 의료 활동 및 봉사활동 실시

2. 제33조에 따른 탁 트인 곳에 대해서는 다음 각 목의 어느 하나에 해당하는 장애물의 설치. 이 경우 장애물은 통합방위본부장이 정하는 규격에 따르되, 이동식 장애물은 평시에 제작·확보하고 그 설치 방법을 자세히 알도록 하여 유사시 바로 설치할 수 있도록 하며, 그 설치·운용을 위하여 필요할 때에는 지역군사령관의 통제를 받도록 하여야 한다.

가. 10년생 이상의 입목(立木)

나. 모래벙커 또는 연못

다. 이동식 장애물(바리케이드, 철침, 1미터 50센티미터 이상 높이의 와이어로프 또는 장애물로서 효과가 있는 차량 등을 말한다)

라. 그 밖에 장애물로 활용할 수 있는 체육·문화시설 등의 구조물

3. 제33조에 따른 호수에 대해서는 자체적으로 실시하는 수상 순찰활동 등 대비책의 시행

Chap. 3

항공경비 운영

제3장 항공경비 운영

제1절 국가보안시설 보호 및 관리

1. 국가보안시설 및 국가중요시설

(1) 국가보안시설 및 보호장비

가. "국가보안시설 및 보호장비"란 적 또는 불순분자에 의하여 점령, 파괴, 기능 마비 시 국가안보와 국민생활에 지대한 영향을 미치는 시설, 공공기관, 공항, 항만, 주요 산업 시설, 항공기 등을 말한다.

나. 통합방위법 제2조 용어정의에서 "국가중요시설"이란 공공기관, 공항·항만, 주요 산업시설 등 적에 의하여 점령 또는 파괴되거나 기능이 마비될 경우 국가안보와 국민생활에 심각한 영향을 주게 되는 시설을 말하며 "방호"란 적의 각종 도발과 위협으로부터 인원·시설 및 장비의 피해를 방지하고 모든 기능을 정상적으로 유지할 수 있도록 보호하는 작전활동을 말한다.

국가보안시설인 인천국제공항 전경

(2) 국가중요시설 관리자 책임

가. 통합방위법 제21조(국가중요시설의 경비 · 보안 및 방호)에서 국가중요시설의 관리자는 경비 · 보안 및 방호책임을 지며, 통합방위사태에 대비하여 자체방호계획을 수립하여야 한다. 이 경우 국가중요시설의 관리자는 자체방호계획을 수립하기 위하여 필요하면 지방경찰청장 또는 지역 군사령관에게 협조를 요청할 수 있다.

나. 지방경찰청장 또는 지역 군사령관은 통합방위사태에 대비하여 국가중요시설에 대한 방호지원계획을 수립 · 시행하여야 하며 국가중요시설의 평시 경비 · 보안 활동에 대한 지도 · 감독은 관계 행정기관의 장과 국가정보원장이 수행한다.

다. 통합방위법 시행령 제32조(국가중요시설의 경비 · 보안 및 방호)에서 국가중요시설의 경비 · 보안 및 방호를 위하여 국가중요시설의 관리자 지방경찰청장, 지역 군사령관 및 대대 단위 지역책임 부대장은 다음 각 호의 구분에 따른 업무를 수행하여야 한다.

1) 관리자가 수행해야 할 주요 업무는 다음과 같다.

① 청원경찰, 특수경비원, 직장예비군 및 직장민방위대 등 방호인력, 장애물 및 과학적인 감시 장비를 통합하는 것을 방호계획에는 관리자 및 특수경비업자의 책임하에 실시하는 통합방위법령과 시설의 경비 · 보안 및 방호 업무에 관한 직무교육과 개인화기(個人火器)를 사용하는 실제의 사격 훈련에 관한 사항이 포함되어야 한다.

② 국가중요시설의 자체방호를 위한 통합상황실과 지휘 · 통신망의 구성 등 필요한 대비책의 마련

2) 지방경찰청장 및 지역 군사령관의 경우에는 관할 지역 안의 국가중요시설에 대하여 군 · 경찰 · 예비군 및 민방위대 등의 국가방위요소를 통합하는 것을 내용으로 하는 방호지원계획의 수립 · 시행. 이 경우 경찰은 경찰서 단위의 방호지원계획을 수립 · 시행하고 군은 대대 단위의 방호지원계획을 수립 · 시행하여야 한다.

3) 방호를 위한 역할분담 등에 관한 협정을 체결하고, 자체방호계획 또는 대대 단위나 경찰서 단위의 방호지원계획을 작성하거나 변경하는 때에는 그 사실을 서로 통보한다.

(3) 시설주 등의 책임

가. 국가보안시설 시설주 또는 보호 장비 운영주는 국가보안시설 및 보호 장비에 대한 경비 · 보안책임을 지고 그에 따른 대책을 강구하여야 한다. 시설주 또는 장비 운영주는 해당 국가보안시설 및 보호 장비에 상주하는 기관과 업체에 대하여 경비 · 보안활동에 필요한 협조를 요구할 수 있다.

나. 감독기관의 장 및 국가정보원장은 국가보안시설 및 보호 장비에 대한 보안지침[12]을 정하고 경비 · 보안대책을 지도 · 조정하며, 관할 경찰(해양경찰)관서장 또는 지역 군부대장은 국가보안시설 및 보호 장비에 대한 파괴 · 점거 등 긴급 사태발생에 대비하여 경비 · 방호지원계획을 수립 · 시행한다.

(4) 국가보안시설 및 보호장비 지정

가. 국가보안시설 및 보호 장비의 대상은 보안업무규정 제36조(측정 대상) 및 동 규정 시행규칙 제59조(보안측정의 대상)에 따라 주요 국가기관 등 정부투자기관, 방위산업, 대규모 가스 · 유류저장시설 등 기간산업시설, 원자력발전소 등 주요 전력시설, 전국 및 지역권 방송국 등 주요 방송시설, 국제위성지구국 등 주요 통신시설, 항공관제소 등 주요 교통시설, 국제공항 및 주요 국내공항, 대형선박 입 · 출항이 가능한 항만, 다목적댐 등 주요 수리시설, 핵연료개발 등 국가안보상 주요 과학연구시설, 교정 · 정착지원 시설과 불법입국 등 외국인 수용시설, 대도시 지하공동구, 대형 항공기 및 선박, 기타 국가안보상 중요한 시설 및 장비를 대상으로 하고 있다.

나. 국가보안시설 및 보호 장비는 국가정보원장이 국가 안보 및 국민생활에 미치는 영향과 기능 · 규모 · 가치의 정도 등을 고려하고 분류기준 (별표1)[13]에 따라

다. 감독기관의 장과 협의를 거쳐 "가" · "나" · "다"급으로 분류하며 보호 장비는 등급을 구분하지 않는다. 공항시설에 대해서는 인천국제공항을 포함은 모든 국제공항은 국가보안시설 "가급"으로 분류하며, 국내 주요 비행장(군용비행장 제외)은 "나급"으로 분류하여 관리되고 있으며 다급은 없다.

---

12) 국가보안시설 및 보호장비 관리지침은 대외비 비밀문서로 관리되고 있음
13) 국가보안시설 및 보호장비 관리지침 제3조

라. 항공기는 항공보안법 적용을 받는 여객 중에 300명이상 탑승하거나 최대 이륙 중량[14] 50만 파운드(lbs)이상 기종에 대해서만 보호 장비로 관리된다.

일반구역에서 보호구역(출국보안검색장)으로 진입하는 탑승객

2. 국가보안시설 보호

(1) 경비보안 계획수립

가. 시설주는 국가보안시설의 보호를 위하여 다음 각 호의 사항을 포함하여 자체 실정에 맞는 경비 · 보안계획[15]을 수립 · 시행하여야 한다.

1) 경비인력 · 조직 운영 및 지휘감독 체계
2) 경비인력 배치 현황 및 근무요령, 교육 · 훈련계획
3) 출입인원 · 차량에 대한 출입통제 및 보안검색 대책
4) 스마트폰 · 차량용 블랙박스 등 첨단 IT기기 반입 차단대책
5) 외곽 울타리 및 초소설치, CCTV 등 과학보안장비 운용방안
6) 무기 확보 · 운용 및 철침판 · 차단기 등 대테러 장비 운용현황
7) 경찰(해경) · 소방 등 유관기관과의 비상연락체계 및 유사시 지원방안(MOU)
8) 핵심시설에 대한 출입통제 및 경비 · 보안대책

---

14) 최대이륙중량(maximum take-off weight)은 항공기가 탑재물을 최대로 적재하고 이륙할 수 있는 최대 중량

15) 국가보안시설 및 보호장비 관리지침 제6조

9) 도난 · 화재 · 무단침입 등 사태별 대응조치 요령

나. 시설주는 국가보안시설의 보호를 위하여 수립하는 경비 · 보안계획은 다음 각 호의 사항을 반영하여 수립되어야 한다.

1) 경비인력 및 과학보안장비 등은 국가보안시설 경비요소 확보기준(별표 2)에 따르되, 시설의 위치 · 지형 · 구조와 장비의 기종 · 성능 등에 따라 가감

2) 경비인력은 청원경찰법 또는 경비업법에 의한 특수경비원을 배치 · 운용

3) 외곽울타리에는 담장 · 철조망 등과 함께 CCTV · 적외선 감지기 등 침입 감시 · 감지용 과학보안장비를 설치

4) 울타리 및 과학보안장비 수시 점검 및 유지 · 보수, 상시 가동상태 유지

5) 내곽 취약지역 및 통제구역 등에는 CCTV · 지문인식기 등 첨단 과학 보안 장비설치 또는 경비인력을 배치, 출입자 통제 및 감시

6) 상황 발생 시 초동대처를 위해 인력 추가 투입

다. 시설주는 국가보안시설의 경비업무를 특수경비업체에 용역 의뢰한 경우에도 경비인력에 대한 근무실태 확인점검 등 관리감독을 철저히 하여야 하며, 경비 · 보안환경이 변하거나 시설 개 · 보수 등 여건이 변동된 때에는 즉시 경비 · 보안계획을 수정 · 보완하여야 한다.

라. 시설주가 경비 · 보안계획을 수립할 때에는 감독기관의 협의조정을 받아야 하며 관할 군 · 경찰(해경) 등 경비 · 보안 유관기관과 협의하여 유사시 협조 · 지원체제를 구축하여야 한다.

마. 시설주는 효율적인 경비 · 보안업무를 수행하고 비밀누설 · 화재 · 도난 · 무단침입 등 위해상황 발생 시에 신속 대처하기 위하여 경비상황실[16]을 설치 · 운용하여야 하며 경비상황실의 주요 임무는 다음 각 호와 같다.

1) 외곽 침입 감지시스템, CCTV 모니터, 출입통제 · 경보시스템 등 과학보안장비 통합운용, 내 · 외곽 효율적 감시

2) 화재 · 도난 또는 무단침입 등 경비 · 보안 위해상황 발생 시 대비, 시설 내외 유관부서 · 기관과 비상연락체제 유지 및 관련 상황 신속 전파

3) 직통전화 또는 비상벨 등을 이용, 정문 · 경비초소 경비근무자 등에게 경비관

16) 국가보안시설 및 보호장비 관리지침 제7조

련 위해상황 전파 및 즉각적인 대응체제 구축

4) 무단침입 등 긴급 상황 발생 시에 대비한 초동조치반 편성 · 운용

5) 무기고 열쇠 보관 및 무기 반출 · 입 통제

3. 보호구역 지정

(1) 지정절차

가. 국가보안업무규정 제32조(보호구역)에서 파괴, 기능 마비 또는 비밀누설로 인하여 전략적으로 또는 군사적으로 막대한 손해를 끼치거나 국가안전보장에 연쇄적 혼란을 일으킬 우려가 있는 시설 또는 지역(국가보안시설)이나 선박 · 항공기 등 중요장비(보호 장비)를 관리하는 기관 등의 장과 각급기관의 장은 국가 비밀 · 암호자재와 국가보안시설 · 보호 장비의 보호를 위하여 필요한 장소에 일정한 범위의 보호구역을 설정할 수 있다.

나. 보호구역은 그 중요도에 따라 제한지역, 제한구역 및 통제구역으로 분류하며 보호구역에 접근하거나 출입하려는 사람은 각급기관의 장 또는 국가보안시설 · 보호 장비를 관리하는 기관 등의 장의 허가를 받아야 한다.

다. 보호구역을 관리하는 사람은 보호구역 출입 허가를 받지 아니한 사람의 보호구역 접근이나 출입을 제한하거나 금지할 수 있다.

(2) 보호구역 구분 및 보안대책

가. 국가보안업무규정 시행규칙 제42조(보호구역)에서 "제한지역"이라 함은 비밀 또는 정부재산의 보호를 위하여 울타리 또는 경호원에 의하여 일반인의 출입의 감시가 요구되는 지역을 말한다.

나. "제한구역"이라 함은 비밀 또는 주요시설 및 자재에 대한 비인가자의 접근을 방지하기 위하여 그 출입에 안내가 요구되는 구역을 말한다.

다. "통제구역"이라 함은 비인가자의 출입이 금지되는 보안상 극히 중요한 구역을 말한다.

라. 보호구역에 대하여는 철저한 보안대책을 수립, 이행하여야 하며, 특히 제한구역 및 통제구역에는 그 구역의 기능 및 구조에 따라 다음과 같은 대책이 강구

되어야 한다.

1) 출입인가자의 한계설정과 비인가자의 출입 통제대책
2) 주야경계대책
3) 외부로부터의 투시, 도청 및 파괴물질 투척방지 대책
4) 방화대책
5) 경보대책
6) 기타 필요한 보안대책

공항 랜드사이드지역 (커브사이드)

4. 공항시설 보호구역 관리

(1) 공항 보호구역

가. "보호구역(airside)"이란[17] 공항의 이동지역, 이동지역과 인접된 지형 및 건물 또는 그 일부로서 일반인의 출입이 통제되어 있는 지역을 말하며, "보안제한구역(security restricted area)"이란 보안검색 완료 지역 · 활주로 · 계류장 · 관제시설 · 화물청사 등과 같이 보다 엄격한 출입통제와 함께 보안통제 조치가 필요한 보호구역을 말한다.

나. 공항보안업무규칙 제42조에 따라 "제한지역"이라 함은 비밀 또는 정부재산의 보호를 위하여 울타리 또는 경호원에 의하여 일반인의 출입의 감시가 요구되는 지역으로 공항시설 전지역을 말한다.

보호구역내에 위치한 관제탑

17) 국가항공보안계획 제2장 용어 정의

다. "제한구역"이라 함은 비밀 또는 주요시설 및 자재에 대한 비인가자의 접근을 방지하기 위하여 그 출입에 안내가 요구되는 구역으로 착륙대, 운항실, 냉·난방실, 상황실, 항공기 계류장(활주로 및 유도로 포함), 출입국심사장, 감시과, 심리조사실, 엑스선 판독실, 전산실, 전산타자실, 점검용 항공기 전산장비 보수실, 세관탐지견사 및 훈련장, 캐더링센터, 지상조업장비 수리공장, 교환장비실, 방송장비실, 국제선, 국내선 화물청사 및 건물옥상, 지하기계실, 변전실, 항무 통제실 등을 말한다.

라. "통제구역"이라 함은 비인가자의 출입이 금지되는 보안상 극히 중요한 구역으로 무기고, 탄약고, 종합상황실, 전산기계실, 발·변전실, 중앙통제실, 관제탑지역, 방위각 표지소, 활공각 표지소, 중방 표지소, 외방 표지소, 레이다 송신소, 항공 송수신소, 항공무선 표지소, 동력동, 방송실, 급수장, 중앙수배전소, 항공유 급유시설 및 저장소 등을 말한다.

통제구역으로 지정된 관제탑지역

(2) 보호구역 보호대책

가. 국가보안시설 및 보호 장비관리지침 제8조 ②항에는 보호구역에는 다음 각 호에 따라 출입자 통제 등 보호대책 강구하여야 한다.

1) 제한지역

① 외곽에 울타리 설치, 외부인 무단침입 방지

② 출입문에 경비인력 배치, 출입통제 실시

③ 소속직원은 별도의 승인절차 없이 신분증으로 출입가능

2) 제한구역

① 출입인가자 사전 지정

② 출입 비인가자는 관리책임자에게 신고 후 출입통제대장에 출입목적 등을 기록하고 안내를 받아 출입

제한구역 표지판 양식

③ 출입인가자의 경우 출입목적과 무관하고 보안상 특별한 통제가 필요한 지역이외는 시설내에서 자유 이동, 접근 가능

④ 외부에서의 투시 · 도청 및 위험물 투척방지대책 강구(국제공항 · 만 CIQ장은 제외)

⑤ 출입문에 자동잠금장치 · 인터폰 등 부착, 무단출입 방지

3) 통제구역

① 출입인가자 사전 지정 및 상시출입자 명단 · 사진 비치

② 상시 근무 · 감독자 이외 원칙적 출입금지(단, 보안업무 총괄, 유지 · 보수 등 업무상 출입이 필요한 자는 사전에 관리책임자의 허가를 받아 출입가능)

통제구역 표지판 양식

③ 상시출입자 이외 모든 출입자에 대하여 안내 및 입회감독 실시

④ 모든 출입자는 출입통제대장에 기록유지(단, 상시근무자는 근무기간을 명시한 명단을 출입통제대장에 별첨하거나 생체 · 카드인식기 등을 통한 자동 출입 기록으로 대체 가능)

⑤ 외부에서의 투시 · 도청 및 위험물 투척방지대책 강구
⑥ 출입문에 생체 · 카드인식기, 자동장금장치 및 인터폰 등 설치, 무단출입 방지
⑦ 무단출입을 인지할 수 있도록 CCTV · 동작 감지기 · 경보장치 등 과학보안 장비를 구비하고, 보안담당자가 해당상황을 즉각 인지할 수 있는 동보시스템 등 방안 강구

에어사이드로 보호되는 주기장

제2절 보호구역 지정

1. 공항시설 보호구역 지정

(1) 관련규정

가. 항공보안법 제11조에서 공항운영자는 공항시설과 항행안전시설에 대하여 보안에 필요한 조치를 하여야 하며 공항운영자는 보안검색이 완료된 승객과 완료되지 못한 승객 간의 접촉을 방지하기 위한 대책을 수립 · 시행하여야 한다.

나. 공항운영자는 보안검색을 거부하거나 무기 · 폭발물 또는 그 밖에 항공보안에 위협이 되는 물건을 휴대한 승객 등이 보안검색이 완료된 구역으로 진입하는 것을 방지하기 위한 대책을 수립 · 시행하여야 한다.

다. 공항을 건설하거나 유지 · 보수를 하는 경우에 불법방해행위로 부터 사람 및 시설 등을 보호하기 위하여 준수하여야 할 세부 기준은 국토교통부장관이 정한다.

라. 공항시설과 항행안전시설에 대한 보안조치 및 보안검색이 완료된 승객과 완료되지 못한 승객 간의 접촉을 방지하기 위해서는 공항을 건설하거나 유지 · 보수할 때 대책을 마련하여야 한다.

마. 기내반입금지물품 등 무기, 폭발물, 그 밖에 항공보안에 위협이 되는 물건을 휴대한 승객 등이 보안검색이 완료된 구역으로 진입하는 것을 방지하기 위해서 기준을 정해야 하며 국토교통부 예규 "공항건설 및 유지 · 보수에 관한 보안지침"에서 공항 건설 및 유지 · 보수 책임이 있는 공항운영자나 공항 이외의 지역에서 항공기 승객 탑승수속 시설을 설계하거나 운영하는 자에게 적용한다.

(2) 보호구역 지정절차

가. 항공보안법 제12조(공항시설 보호구역의 지정)에서 공항운영자는 보안검색이 완료된 구역, 활주로, 계류장(繫留場) 등 공항시설의 보호를 위하여 필요한 구역을 국토교통부장관의 승인을 받아 보호구역으로 지정하여야 한다.

나. 공항운영자는 필요한 경우 국토교통부장관의 승인을 받아 임시로 보호구역을 지정할 수 있으며 항공보안법 시행규칙 제4조에 따라 보호구역에는 다음 각

호의 지역을 포함하여야 한다.

1) 보안검색이 완료된 구역
2) 출입국심사장
3) 세관검사장
4) 관제탑 등 관제시설
5) 활주로 및 계류장
6) 항행안전시설 설치지역
7) 화물청사
8) 제4호부터 제7호까지의 규정에 따른 지역의 부대지역

관제탑과 공항레이더시설

다. 공항운영자는 공항 경계울타리 외곽에 관제탑 및 레이다 지역, 항행안전시설지역(ILS, VOR, NDB), 초단파(VHF) 지상공중 안테나, 항공기상 관측 시설, 화물청사 시설이 위치할 경우에도 이를 보호구역으로 지정하여야 하며 해당 시설의 운영자는 보호구역 지정을 공항운영자에게 요청하여야 한다.

라. 항공보안법 시행규칙 제5조 법 제12조에 따라 보호구역 또는 임시보호구역의 지정승인을 받으려는 경우에는 보호구역 등의 지정목적, 보호구역 등의 도면, 보호구역 등의 출입통제 대책, 지정기간(임시보호구역을 지정하는 경우만 해당한다) 서류를 첨부하여 지방항공청장에게 제출하여야 하며, 지정된 보호구역을 변경승인을 받으려는 경우에는 보호구역 등의 변경사유, 변경하려는 해당 보호구역 등의 도면, 변경하려는 해당 보호구역 등의 출입통제 대책관련 서류를 첨부하여 지방항공청장에게 제출하여야 한다.

(3) 보호구역 보안통제

가. 공항운영자는 보호구역을 일반지역으로부터 분리하여야 하며, 보호구역에 대한 보안통제대책을 수립하여야 하며 일반지역과 보호구역 간의 경계가 구분될 수 있도록 보안울타리 또는 장벽을 설치하여야 하며, 보호구역 안의 보안울타리 또는 장벽을 정상적인 상태로 유지하여야 한다.

나. 공항운영자는 보호구역 안으로 진입할 수 있는 출입구를 설치하여야 하며, 출입구에는 물리적 방어 기능을 갖춘 장벽 또는 이와 유사한 시설물을 설치하여야 하고 출입구에 관계자 외에는 출입을 제한 한다는 출입통제 표지판을 설치

하여야 한다.

다. 보호구역 출입통로 지역은 항공경비요원을 배치할 수 있는 초소·출입통제 시스템 또는 시건장치 등으로 보호하고 순찰업무와 불순분자의 침입 방지를 위해 장벽 양쪽의 개방지역 및 공항내부 울타리 지역에 순찰로를 설치하여야 한다. 공항 내부로의 침입 또는 외부로의 도주 방지를 위하여 보안 시설물을 설치·관리하여야 하고, 울타리 인접 지역의 월담 보조물을 정비하여야 한다.

라. 보호구역 내의 계류장·외곽 울타리·활주로·유도로 근처를 시간·경로·절차 등을 변경하여 지속적으로 순찰하여야 하며 탑승교의 모든 출입문에 잠금장치를 설치하여야 하며, 항공기가 탑승교에 주기되어 있지 않을 때에는 비인가자가 탑승교 안으로 진입할 수 없도록 대책을 수립하여야 한다.

보안통제시설인 관제탑과 탑승교

마. 공항운영자 또는 공항 외부에 위치한 민간항공 운영 필수시설 운영자는 비인가자의 고의적·계획적인 출입을 방지하기 위해 보호구역과 유사한 보안통제대책을 수립하여야 한다.

바. 항공기 주기장 및 공항 외곽의 취약지역에 조명시설을 설치하여야 하고, 야간에 항공기가 주기된 장소에는 조명시설을 점등하여야 하며, 공항운영자 이외의 다른 조직이 해당 시설을 운영할 경우 공항 보호구역 출입통제 시스템과 유사한 보호대책을 마련하도록 해당 기관 또는 업체의 장에게 요구할 수 있으며, 요구를 받은 기관 또는 업체는 적극 협조하여야 한다.

제3절 경비보안 계획

1. 경비보안 목적

공항 터미널 및 외곽지역 등 보호구역을 출입하는 상주직원 및 그 외 보호구역 내로 출입을 하고자 하는 자 등의 신체 및 소지한 물품, 운반하는 물품에 대해 관련 법규에 따라 보안검색을 실시하며, 공항의 시설물과 항공기의 안전을 위협하는 인적·물적 요소를 사전에 차단함으로써 승객 및 항공기와 보호구역의 안전을 도모하기 위한 목적이다.

2. 책 임

(1) 감독 및 경비업체는 항공보안 관련 법률, 규정, 고시, 지침, 절차서 등 관련 법규를 준수하여야 한다.

(2) 근무자는 성실한 자세와 책임감을 가지고 불법방해 행위를 하는데 사용될 수 있는 반입 금지 위해물품이 보호구역 내부로 반입되지 않도록 보안경비업무에 최선을 다하여야 한다.

(3) 감독은 경비업체가 관련 법규, 경비보안절차서에서 정하는 제반 업무에 대하여 성실히 이행하는지를 감독하며, 공항을 이용하는 이용자들에게 경비보안 분야의 최고의 안전이 제공될 수 있도록 하여야 한다.

(4) 경비업체는 다음에서 정하는 사항을 포함하여 특별히 감독 또는 이행 주체를 정한 사항을 제외하고 제반 사항에 대한 업무를 수행 할 책임이 있다.

가. 제반 경비보안 요건을 분석하여 경비보안업무의 효율적 경비보안 운영방안을 제안 및 보완한다.

나. 공항 경비보안 업무를 유지하는데 필요한 경비보안서비스, 경비요원 인성교육 등 공항 경비보안의 품질 향상

다. 공항운영에 필요한 효율적인 지도감독 및 신속한 상황대처가 가능하도록 경

비보안 조직 체계를 수립하고 지휘체계 유지를 위한 간부급 경비요원 수준 향상

라. 공항지역 내 공항시설의 방호, 불법방해 행위 및 기타 도난, 화재예방 지원 등 위험 발생 방지 업무

마. 공항 내 보호구역 출입통제

바. 공항 여객터미널 및 공항시설 경비

사. 공항 여객터미널 등 보호구역 출입 시 검문, 검색

아. 직원통로를 통한 위해물품 반입 및 보안물품 무단 반출 방지 업무

자. 직원통로를 통한 밀입국 예방

인천국제공항 항공경비요원

3. 경비요원 자원관리

(1) 경비요원 자원관리

가. 교육훈련을 통한 업무능력을 향상시켜 경비업무가 효율적으로 수행되도록 한다.

나. 경비보안요원 선발기준

1) 경비업법이 정하는 경비요원의 자격요건을 충족하여야 하며, 특수경비원

신임교육 등 법정교육 이수자를 선발, 투입한다.

2) 비상대응 및 상황조치 등 대테러상황실 업무가 원활하게 수행 될 수 있도록 관련 분야의 경력자를 법정 교육 수행 등 제반법규에 따라 선발, 투입한다.

(2) 근무방법 및 교대

가. 경비요원의 근무는 교대 근무를 원칙으로 하되 근무교대 방법 변경 또는 추가 근무는 반드시 공사와 협의 하에 시행하여야 한다.

(3) 복장

가. 경비요원은 경비업법을 준수하여 경찰공무원 또는 군인의 복제와 색상 및 표지장과 명확히 식별될 수 있는 복장으로 정하여야 한다.

나. 경비요원의 복장은 감독부서와 사전 협의를 거쳐 승인된 복장을 경비업법에 의해 관할 경찰서에 복장을 신고 한 후 착용함을 원칙으로 한다. 또한 특별히 복장을 변경할 필요가 있을 때에는 동일한 절차에 의한다.

(4) 교육훈련

가. 회사는 경비보안에 투입되는 인력을 대상으로 교육훈련에 관한 전반적인 운영계획을 수립하여 대상자의 자질과 능력을 개발하고 업무수행에 필요한 전문 지식과 능력향상을 통한 완벽한 보안경비 태세를 확립하여야 한다.

나. 경비요원 교육은 신입요원 교육, 직무교육, 간부교육으로 구분하여 실시하여야 한다.

※ 직무교육은 경찰의 지도감독사항이나 교육인원 등 확인을 위해 현장점검을 할 수 있다.

다. 효율적인 교육실시 및 철저한 사후관리를 위하여 인사제도와 연계된 인력관리 체계를 확립하여야 한다.

라. 교육훈련[18]은 다음과 같이 구분하여 실시한다.

18) 초기 및 직무교육(OJT) 이수 후 보안검색 인가증 발급(항공보안교육원/ 80%이상 취득) - 상기 법정(OJT)교육 외에 현장적응을 위한 관숙훈련을 추가로 할 수 있다

구 분			시 간	장 소	비 고
특수경비원 신임교육			88시간	특수경비원 교육기관	법정교육
특수경비원 직무교육			매월 6시간	자체교육	법정교육
항공경비 요원 교육	초기	집체교육	4일 30시간	검색교육기관(국토부 지정)	위탁교육
		직무교육(OJT)	3일 24시간	현장근무지	사내교육
	정 기		연 1회 8시간	검색교육기관(국토부 지정)	위탁교육
보안검색 운영자 교육	초기교육		5일 40시간	검색교육기관(국토부 지정)	위탁교육
	직무교육(OJT)		10일 80시간	현장근무지	사내교육
	정기교육		연 1회 8시간	검색교육기관(국토부 지정)	위탁교육
항공경비/보안검색 감독자 교육	초기교육		연 1회 8시간	검색교육기관(국토부 지정)	위탁교육
	정기교육		연 1회 8시간	검색교육기관(국토부 지정)	위탁교육

마. 기능별 교육훈련에 대한 세부적인 교육목표, 수준, 지침은 교육운영 훈련계획에 반영하여 시행한다.

바. 교육평가는 각 교육과정에 대한 평가, 피교육자에 대한 평가로 구분하고 평가방법에는 필기시험, 실기, 관찰 평가 등 다양한 방법으로 평가하여야 한다.

사. 연간 교육훈련 계획을 수립하고 교육결과에 대한 실적을 유지 및 관리, 당해년도 교육 실적을 종합 분석하여 차기년도 교육운영훈련 계획에 반영하여야 한다.

4. 불시평가

(1) 불시평가 물품 관리 및 보관

가. 불시평가 물품관리

테스트물품 취득 시 관리번호를 부여하고, 물품리스트에 기록하고 물품리스트는 물품종류, 물품사진, 관리자명단을 작성하여 기록한다.

1) 모의폭발물 : 폭발물질을 포함하지 않고, 실제 폭파되지 않는 불시평가 물품

2) 모의파이프폭탄 : 폭발물질을 포함하지 않고, 실제 폭파되지 않는 불시 평가 물품

3) 모의총기류 : 실제 작동되지 않고, 플라스틱 또는 합성수지 재질로 만들어진 모의 총기류

불시테스트물품

나. 불시평가 물품보관

불시평가 물품은 시건 장치가 가능한 캐비닛에 보관한다. 불시평가 물품 운용절차에 따라 기록유지 후 근무자에게 불출 받고, 사용 후에는 감독에게 반납 후 기록한다.

(2) 불시평가 물품 운용절차

가. 불시평가 물품은 보안경비 수준관리를 위한 목적으로 보안검색 자체 불시평가 시사용할 수 있다.

나. 불시평가 물품을 사용하려는 자는 사전에 허가를 득하여야 한다.

다. 불시평가 물품을 사용 시에는 불시평가 물품 반출 · 입 확인서에 반출일시, 반출물품, 반출사유, 반출자 등을 기록한다.

라. 불시평가 물품사용 후에는 물품 반납 일시를 일지에 기록한다.

제4절 보호구역 출입증 발급

1. 보호구역 출입

(1) 관련규정

가. 항공보안법 제13조(보호구역에의 출입허가)에서 다음 각 호의 어느 하나에 해당하는 사람은 공항운영자의 허가를 받아 보호구역에 출입할 수 있다.

1) 보호구역 공항시설 등에서 상시적으로 업무를 수행하는 사람

2) 공항 건설이나 공항시설의 유지·보수 등을 위하여 보호구역에서 업무를 수행할 필요가 있는 사람

3) 그 밖에 업무수행을 위하여 보호구역에 출입이 필요하다고 인정되는 사람

나. 항공보안법 시행규칙 제6조에서 보호구역을 출입하려는 사람은 공항운영자가 정하는 출입허가신청서를 공항운영자에게 제출하여야 한다. 이 경우 차량을 운행하여 출입하려는 사람은 그 차량에 대하여 따로 차량출입허가신청서를 제출하여야 한다.

다. 공항운영자는 보호구역에 출입허가를 하려면 보안업무규정 제31조에 따른 신원조사[19]를 조사기관의 장에게 의뢰하여야 한다. 보호구역 출입허가를 한 경우에는 신청인에게 공항운영자가 정하는 출입증 또는 차량출입증을 발급하여야 한다. 이 경우 공항운영자가 관할하지 않는 지역의 출입허가를 하려면 관할 행정기관의 장[20]과 미리 협의하여야 한다.

라. 출입허가를 받은 사람이 보호구역으로 출입하는 경우에는 출입증을 달아야 하며, 차량을 운행하여 출입하는 경우에는 해당 차량의 운전석 앞 유리창에도 차량출입증을 붙여야 한다.

마. 공항운영자 및 화물터미널운영자는 보호구역을 출입하는 사람 또는 차량에 대하여 기록하고 이를 작성한 날로부터 1년 이상 보존하여야 하며 출입허가를 갱신하는 경우에 관하여는 상기 조항을 규정을 준용하여야 한다.

---

19) "신원조사(background check)"는 보안통제업무 수행 적합성 또는 보안통제구역 단독출입 허용 등을 확인하기 위하여 해당자의 신원 및 범죄경력 등을 점검하는 행위를 말함

20) 관제탑지역은 지방항공청장과 수하물수취지역은 관할 세관장과 사전에 협의하여야 함

바. 이 규칙에 규정된 사항 외에 보호구역 출입허가 및 기록의 작성 · 보존 등에 필요한 세부사항은 공항운영자 및 화물터미널운영자가 정한다. 다만, 인천공항 등 모든 공항에서는 공항운영자가 화물터미널지역의 보호구역 출입허가 업무도 총괄하여 수행하고 있다.

사. 인천국제공항공사는 "인천국제공항 보호구역 출입증규정"을 수립하여 시행하고 있으며, 한국공항공사는 김포공항 등 모든 지방공항에 적용하는 "보호구역 출입증규정"을 수립하여 시행하고 있다.

2. 보호구역 출입허가

(1) 보호구역 출입허가 요건

가. 공항운영자는 자체 보안계획에 따라 보호구역으로 출입하려는 사람 · 차량 · 장비 · 물품에 대해 출입통제, 신원확인 및 보안검색 등을 실시하여야 하며 보안검색을 거부하는 사람 또는 휴대물품에 대해 보호구역 출입을 금지시켜야 한다.

인천공항 출입증발급소

나. 공항운영자는 다음의 사람에 대해 지정된 보호구역 출입을 허가하여야 한다.

1) 국가기관 등에서 발행한 사진이 부착된 신분증 및 장애인복지카드 · 국가유공자증 등 증명서 또는 여권 등 해당 국가에서 신분을 보증하는 문서 · 외국인카드 · 선원신분증명서 · 국제연합(UN) 통행허가증 등 적법한 여행서류와 항공사에서 발행한 탑승객 이름이 기록된 탑승권을 소지한 승객(전자 탑승권 포함)
2) 항공기 운항을 목적으로 해당 항공사 제복을 착용하고 신분증(사원증 또는 승무원 등록증)을 패용한 항공사 승무원. 다만, 신분증 분실 등의 경우에는 재직증명서와 국가에서 발행한 신분증을 함께 제시

3) 공항운영자가 발행한 보호구역 출입증을 소지한 사람. 다만, 항공기 사고·테러·인명구조 등 긴급 상황 시 사전 출입조치에 따라 한시적으로 출입증을 소지하지 않은 사람과 차량을 출입시킬 수 있음
4) 항공기 운항 중 수행하는 항공보안 노선점검과 조종실 관찰 좌석에서의 항공안전감독 또는 운항자격심사 목적에 한하여 해당분야 감독관·심사관증을 소지하고, 국토교통부장관이 발행한 항공기 출입요구서를 소지한 공무원
5) 보호자와 동행하지 않는 만12세 이하의 소아로서 항공사에서 발행한 탑승객 이름이 기재된 탑승권과 항공운송사업자가 인솔하는 승객
6) 만13세에서 17세 미만까지 청소년으로서 국가기관 등에서 발행하는 건강보험증, 청소년증, 국가자격증 등 신분증 또는 증명서와 항공사에서 발행한 탑승객 이름이 기재된 탑승권을 소지한 승객

(2) 보호구역 출입증 발급

가. 공항운영자가 발급하는 출입증 종류는 정규 출입증(사람·차량), 임시 출입증(사람·차량), 방문증(순찰증)으로 한다.

나. 공항운영자는 다음 사항을 포함한 출입증 제작·발급 및 관리에 관한 자체 규정을 수립·시행하여야 한다.

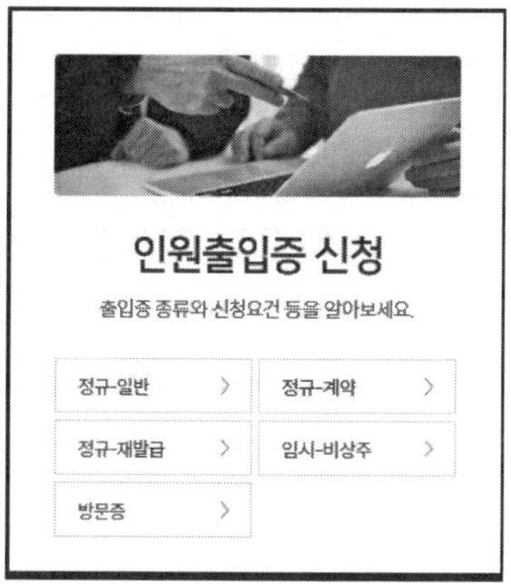

인원출입증 신청 홈페이지

1) 출입증 발급·회수 절차
2) 출입증 유효기간
3) 출입증 위·변조 방지대책
4) 출입증 분실·도난시 조치사항
5) 출입증 분실자 및 출입절차 위반자에 대한 제재 조치
6) 보호구역 출입자의 준수사항
7) 출입증 반납 요건
8) 특이자에 대한 보호구역 출입증발급방법
9) 출입증 관리기록에 관한 사항 등

공항 관제탑

다. 공항운영자는 공항 상주기관 및 상주업체 직원에 한하여 출입증을 발급하여야 하며, 비상주직원 등에게 출입증을 발급하는 경우에는 출입 사유가 합당한지를 충분히 검토한 후 발급하여야 한다. 다만, 공항 안에 민자유치시설이 있는 경우 민자시설주와 사용계약을 체결한 업체에 대하여도 출입증을 발급할 수 있다.

라. 공항운영자는 출입증을 발급하기 전에 출입증 소지자의 책임 등에 대한 교육을 실시하여야 한다. 다만, 출입증에 대한 교육을 관련 업체에 일부 위탁할 수 있다.

마. 공항운영자는 보호구역을 효율적으로 통제하고 보호구역 출입자의 출입구역을 최소화하기 위하여 보호구역을 세부적으로 구분하여야 하며, 출입구역 별로 고유문자를 부여하여 출입증을 발급하고, 개인별 직무수행 내용을 감안하여 2개 이상의 출입구역을 추가하여 발급할 수 있다.

바. 보호구역을 출입구역 별로 고유문자 또는 숫자로 구분할 수 있으며 인천국제공항은 영어 알파벳 A, B, C, D, E, F로 구분하며, 김포공항을 포함한 지방공항은 아라비아 숫자 1, 2, 3, 4, 5, 6, 7로 구분하여 발급한다.

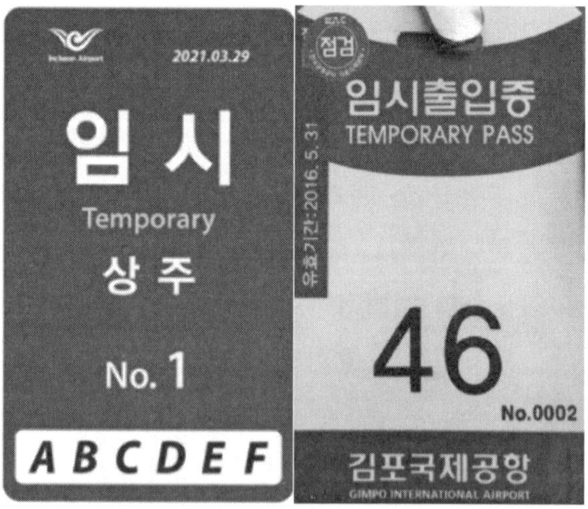

인천공항과 김포공항 임시출입증

인천국제공항공사 출입구역 구분

고유번호	출입구역	세부 내역
A	관제시설 지역	관제탑, 계류장관제탑 관제실, AICC지역(AICC, 서울접근관제소), 인천항공교통관제소, 비상접근관제소
B	항공기 탑승지역	여객터미널 보안검색대를 통과한 지역부터 항공기 탑승지점까지 출국지역(3층), 출입국 심사장 및 환승지역, 탑승동, 셔틀트레인지역, 국내선 출발지역 및 수하물 수취지역
C	수하물 수취지역	국제선 도착수하물 수취지역(1층), 입국심사 완료지역(2층)
D	부대건물 지역	주변전소A, 주변전소B, 동력동A, 동력동B, 왕산 레이다송신소, 신불레이다송신소, 관제송신소, 관제수신소, TVOR/ DME, 일반배전변전소, 항공기배전변전소, 제3등화제어소, 제4등화제어소, 계류장 관제탑(1층~11층), ICT센터
E	항공기 이동지역	활주로, 유도로, 주기장, 계류장(여객/화물) 등을 포함한 항공기 이동지역, 이동지역주변 GSE도로, 수하물처리지역, 지하공동구, 소방대, 항공기상청, 동절기정비고
F	화물터미널 지역	화물터미널 전 지역으로 일반인 출입이 금지되는 지역

※ 관제시설지역의 고유문자는 세부구역 또는 운영주체별로 다르게 표기할 수 있다.

※ 탑승교(엘리베이터 포함), 화물엘리베이터 등의 출입허가는 별도 승인

※ B, E 공동구역 : 여객터미널 및 탑승동 직원식당, 탑승교(엘리베이터 제외) 내부

※ B, C, E 공동구역 : 여객터미널 동 · 서측 1층 상주직원 출입초소 통과 후 B, C, E구역 진입 전 인접통로

한국공항공사 출입구역 구분

고유번호	출입구역	세부 내역
1	관제시설지역	관제탑 지역
2	세관지역	세관입국검사장
3	국제선지역	보안검색대를 통과한 지역부터 항공기 탑승지점까지의 국제선 입국심사장(세관 입국검사장 제외), 출국심사장, 출국대기실, 국제선 로딩브릿지 복도
4	이동지역	활주로, 유도로, 주기장, 계류장(여객/화물) 등을 포함한 항공기 이동지역, 이동지역주변 GSE도로, 수하물처리지역, 지하공동구, 여객터미널 옥상
5	화물터미널 지역	화물청사, 보세창고지역
6	국내선지역	보안검색대를 통과한 지역부터 항공기 탑승지점까지의 국내선 도착/출발대합실, 로딩브릿지 복도
7	부대시설지역	관제송수신소, 변전소, 레이다송신소, TVOR/DME, 동력동, 항공등화제어소, 유류시설

3. 보호구역 출입증 발급

(1) 보호구역 출입증

가. 공항운영자는 자체 보안계획에 규정된 보호구역 출입 절차에 따라 직원들의 보호구역 출입을 허용하여야 한다.

나. 공항운영자는 보호구역을 세부 구역으로 구분하여야 하며, 구역별로 출입이 필요한 직원에 한하여 자체 보안계획에 규정된 보호구역 출입절차에 따라 이를 허용하여야 한다.

다. 정규 출입증(사람)에 다음 사항을 표시하여야 한다. 다만, 1)~6)까지 사항은 출입증 전면에 기재하여야 한다.

1) 본인임을 확인할 수 있는 사진
2) 유효기간
3) 출입 허가지역
4) 소지자 성명
5) 공항명 / 로고
6) 소속 기관명
7) 발행 일련번호
8) 출입증소지자 준수사항

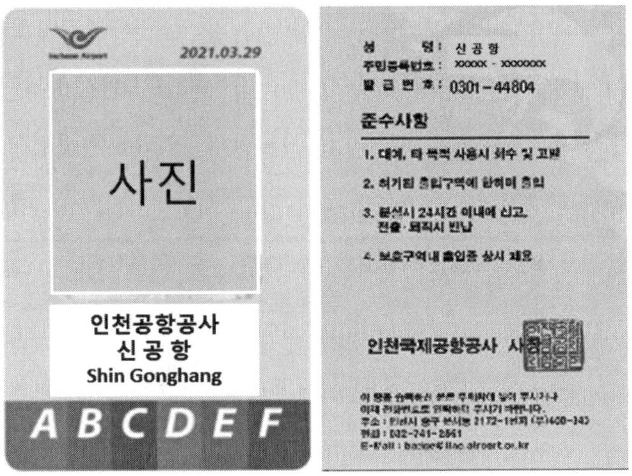

인천공항 정규출입증(앞면/뒷면)

라. 공항운영자는 출입증 유효기간이 2년을 초과하지 않도록 하여야 하며, 출입증이 플라스틱 재질의 전자칩 또는 생체인식시스템(지문인식시스템, 안면인식시스템 등)을 활용한 출입통제 시스템이 설치된 경우 공항의 특성에 맞도록 유효기간을 정하되 5년을 초과하지 않도록 하여야 한다. 다만, 발급된 출입증 중에 5%이상 분실 또는 훼손되었을 경우 지체 없이 출입증 일제 갱신 또는 비표 부착 등의 조치를 하여야 한다. 인천국제공항과 김포국제공항 등 모든 공항은 5년마다 출입증을 갱신하고 있다.

마. 인원 정규출입증을 발급받으려는 자는 기관의 장 또는 업체의 장(기관 또는 업체의 장이 지정하는 출입증 관리책임자를 포함한다)이 공항운영자에게 신청하여야 하며, 출입증 발급 신청 시 보호구역 출입 목적·구역 등을 포함하여야 한다.

(2) 신원조사 및 갱신 등

가. 공항운영자는 정규 출입증 발급 및 갱신 신청을 받은 경우 신청자에 대한 신원조사를 반드시 의뢰하여 그 결과를 확인하여야 한다. 다만, 국가공무원 및 외교관은 예외로 할 수 있다.

공항출입증 발급시스템

나. 신원조사 결과 다음 사항에 해당하는 사람에게는 출입증을 발급하여서는 아니 된다. 다만, 출입증 발급에 관한 위원회 또는 협의회에서 심사를 거쳐 발급기준을 따로 정한 경우에는 그에 따른다.
  1) 항공보안법, 관세법, 출입국관리법을 위반하여 금고 이상의 형을 선고받고 그 집행이 종료되거나 집행을 받지 아니하기로 확정된 후 2년을 경과하지 아니한 사람
  2) 항공보안법, 관세법, 출입국관리법을 위반하여 금고이상의 형을 선고 유예 받은 경우 그 선고유예기간 중에 있는 사람
  3) 사상특이자

다. 공항운영자는 출입증 소지자가 보호구역으로 진입하거나 보호구역 안에 있는 경우 항상 의복 외부의 잘 보이는 곳에 출입증을 패용하도록 하는 사항을 출입증 제작·발급 및 관리에 관한 자체 규정에 포함하여야 한다.

라. 시설주은 기존에 발행한 출입증에 대하여 업무상 출입이 불필요사람과 출입실적이 극히 저조한 사람에 대하여는 출입증을 회수하거나 출입구역을 축소할 수 있으며, 출입구역 변경 사유가 발생한 경우에는 출입구역을 변경하여 재발

급할 수 있다. 그리고 정한 기간을 지나거나 대량 분실 시 등의 경우는 갱신하여야 한다.

(3) 보호구역 차량출입증

가. 공항운영자는 공항시설 보호와 보안유지를 위하여 보호구역으로 진입하는 차량에 대한 출입 허가증 발급을 최소화하여야 하며 정규·임시출입 허가차량 허가증에는 다음 사항을 표시하여야 한다.

1) 차량 등록번호
2) 차량 소유주 및 소속회사 명칭
3) 출입허가 지역
4) 유효기간
5) 발행 일련번호
6) 공항명 또는 공항 로고

차량 정규출입증 디자인

나. 공항운영자는 허가 차량의 출입허가 유효기간이 1년을 초과하지 않도록 하여야 한다. 다만, 전자칩을 활용한 차량 출입통제 시스템이 설치된 경우 공항의 특성에 맞도록 유효기간을 정하되 3년을 초과하지 않도록 하여야 한다.

다. 인원 정규출입증을 발급받으려는 자는 기관의 장 또는 업체의 장이 공항운영자에게 차량 출입 허가를 신청하여야 하며, 출입증 신청 시에는 출입목적·구역 등을 포함하여야 한다.

라. 차량 운전자는 차량 출입증을 항상 식별이 용이한 차량 전면에 부착하여야 하며, 공항 운영자가 실시하는 차량 검색에 적극 협조하여야 한다.

마. 공항운영자는 운전자의 해당 차량 운전자격 여부를 확인하여야 하며, 운전자는 공항운영자가 정하는 안전지침을 준수하여야 하며 차량 출입증은 양도할 수 없다.

4. 보호구역 출입증 종류

(1) 인원 출입증

가. 보호구역 출입증은 인원과 차량으로 구분하여 발급하며, 인원 출입증에는 정규출입증, 임시출입증, 방문증, 순찰출입증. 비표 등이 있다.

인원 정규출입증 디자인

나. 인원 정규출입증 : 정규출입증 발급 대상자는 공항에 상주하고 있는 기관, 항공사, 업체의 소속 직원으로 보호구역 내에서 3개월 이상 업무를 수행하는 자, 보호구역내 공항운영, 유지보수, 건설공사 등을 위하여 3개월 이상 상주하고 업무를 수행하는 자, 외교관으로 보호구역에서 업무를 수행하는 자, 공항운영자 소속 직원으로서 보호구역에서 업무를 수행할 필요성이 있는 자에게 발급한다.

다. 인원 임시출입증 : 임시출입증(상주)은 정규출입증 신청 후 신원조사를 필한 자, 정규출입증 소지가가 비인가 출입구역을 추가하여 출입하는 경우, 정규출입증 인식오류로 재발급 시까지, 외교/의전을 위해 임시로 출입하는 자에게 발급한다.

라. 임시출입증(비상주) : 정규출입증 발급요건에 미충족한 경우에 업무상 특별지원, 건설공사 등 필요 시, 90일 이내 업무수행자, 상주기관 책임하에 관리 · 사용하는 대여출입증에 대해 발급한다.

마. 방문 출입증 : 공항업무를 위해 보호구역 방문 필요 시 최대 24시간 이내 출입이 허용되며 정규출입증 소자자 1인당 최대 20명까지 인솔이 가능하고 정규출입증 소지자가 출입증신청시스템을 이용하여 신청하여야 한다.

임시출입증(상주/비상주)

바. 기타 임시출입증 : 외부기관 감사, 점검 등 공무상 필요한 경우에 임시출입증(순찰)을 발급하며 대형 행사, 훈련시에는 비표(리본비표 포함)를 발급한다.

(2) 차량 출입증

가. 차량출입증에는 정규출입증, 임시출입증, 단기출입증, 훈련/행사 출입증 등이 있다.

나. 차량 정규출입증 : 보호구역내에서 공식업무 수행 차량, 기타 보호구역내에서 업무수행을 위해 필요하다고 인정되는 업무용 또는 개인 차량에 한해 제한적으로 발급한다.

다. 차량 임시출입증 : 각종 공사용 자재 또는 물품납품을 위해 보호구역 출입이 임시로 필요한 차량에 대해서 최대 90일 이내에 사용이 가능한 임시출입증을 발급하며 24시간이내에 단기간 출입이 필요한 경우에는 단기출입증을 발급한다. 대형 행사, 훈련 시에는 행사 또는 훈련용 임시출입증을 발급한다.

차량 정규출입증

차량 임시출입증

차량 단기출입증

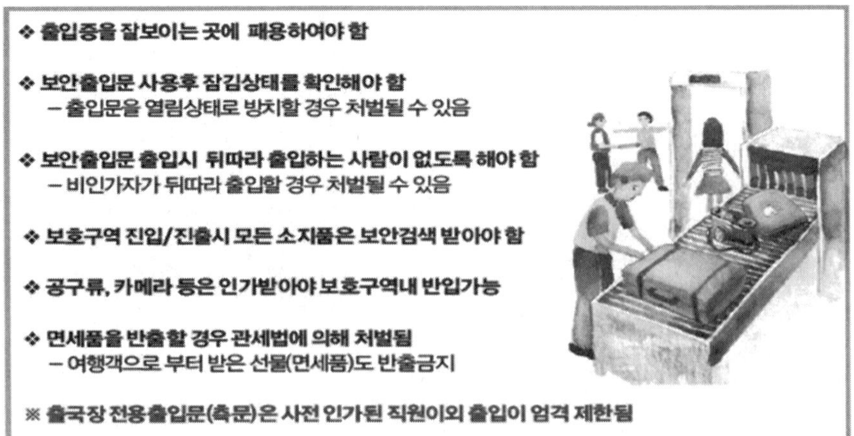

보호구역 출입증소지자의 의무사항

제5절 공항경비 운영

1. 관련규정

(1) 특수경비원 업무

가. 경비업법 제2조 용어정의에서 특수경비업무라 함은 공항(항공기를 포함) 등 대통령령이 정하는 국가중요시설의 경비 및 도난 · 화재 그 밖의 위험발생을 방지하는 업무이며, 이를 수행하는 자를 특수경비원이라 한다.

나. 경비업법 시행령 제2조(국가중요시설)에서 "대통령령이 정하는 국가중요시설"이라 함은 공항 · 항만, 원자력발전소 등 시설중에 국가정보원장이 지정하는 국가보안목표시설과 「통합방위법」 제21조제4항의 규정에 의하여 국방부장관이 지정하는 국가중요시설로 규정하고 있다.

다. 경비업법 제7조(경비업자의 의무)에서 특수경비업무를 수행하는 경비업자는 이 법에 의한 경비업과 경비장비의 제조 · 설비 · 판매업, 네트워크를 활용한 정보산업, 시설물 유지관리업 및 경비원 교육업 등 대통령령이 정하는 경비관련업외의 영업을 하여서는 아니 된다.

(2) 청원경찰 임무

가. 청원경찰법 제2조(정의) 이 법에서 "청원경찰"이란 다음 각 호의 어느 하나에 해당하는 기관의 장 또는 시설 · 사업장 등의 경영자가 경비를 부담할 것을 조건으로 경찰의 배치를 신청하는 경우 그 기관 · 시설 또는 사업장 등의 경비를 담당하게 하기 위하여 배치하는 경찰을 말한다.

1) 국가기관 또는 공공단체와 그 관리 하에 있는 중요 시설 또는 사업장

2) 국내 주재(駐在) 외국기관

3) 그 밖에 행정안전부령으로 정하는 중요시설, 사업장 또는 장소[21]

나. 청원경찰은 법제4조 제2항의 규정에 의하여 청원경찰의 배치결정을 받은 자(청원주)와 배치된 기관 · 시설 또는 사업장 등의 구역을 관할하는 경찰서장의

21) 선박, 항공기 등 수송시설, 금융, 방송, 학교, 의료기관 등

감독을 받아 그 경비 구역 안에 한하여 경비목적을 위하여 필요한 범위 안에서 경찰관직무집행법에 의한 경찰관의 직무를 행한다.

(3) 특수경비원 자격

가. 경비업법 제15조(특수경비원의 의무)에서 특수경비원은 직무를 수행함에 있어 시설주·관할 경찰관서장 및 소속 상사의 직무상 명령에 복종하여야 하며 특수경비원은 소속 상사의 허가 또는 정당한 사유 없이 경비구역을 벗어나서는 아니 된다.

나. 특수경비원은 파업·태업 그 밖에 경비업무의 정상적인 운영을 저해하는 일체의 쟁의행위를 하여서는 아니 되며 특수경비원이 무기를 휴대하고 경비업무를 수행하는 때에 특수경비원은 사람을 향하여 권총 또는 소총을 발사하고자 하는 때에는 미리 구두 또는 공포탄에 의한 사격으로 상대방에게 경고하여야 하는 무기의 안전사용수칙을 지켜야 한다. 다만, 다음에 해당하는 경우로서 부득이한 때에는 경고하지 아니할 수 있다.

1) 특수경비원을 급습하거나 타인의 생명·신체에 대한 중대한 위험을 야기하는 범행이 목전에 실행되고 있는 등 상황이 급박하여 경고할 시간적 여유가 없는 경우

2) 인질·간첩 또는 테러사건에 있어서 은밀히 작전을 수행하는 경우

다. 특수경비원은 무기를 사용하는 경우에 있어서 범죄와 무관한 다중의 생명·신체에 위해를 가할 우려가 있는 때에는 이를 사용하여서는 아니 된다. 다만, 무기를 사용하지 아니하고는 타인 또는 특수경비원의 생명·신체에 대한 중대한 위협을 방지할 수 없다고 인정되는 때에는 필요한 최소한의 범위 안에서 이를 사용할 수 있다.

라. 특수경비원은 총기 또는 폭발물을 가지고 대항하는 경우를 제외하고는 14세 미만의 자 또는 임산부에 대하여는 권총 또는 소총을 발사하여서는 아니 된다.

(4) 특수경비원 교육

가. 경비업법 제19조(특수경비원에 대한 교육)에서 특수경비업자는 특수경비원을 채용한 경우 특수경비업자는 대통령령으로 정하는 바에 따라 특수경비원으로

하여금 특수경비원 신임교육과 정기적인 직무교육을 받게 하여야 하고, 특수경비원 신임교육을 받지 아니한 자를 특수경비업무에 종사하게 하여서는 아니 된다. 특수경비원에게 특수경비업자의 부담으로 특수경비원 교육기관에서 실시하는 88시간 특수경비원 신임교육을 받도록 하여야 한다.

나. 특수경비업자는 채용 전 3년 이내에 특수경비업무에 종사하였던 경력이 있는 사람을 특수경비원으로 채용한 경우에는 해당 특수경비원을 특수경비원 신임교육 대상에서 제외할 수 있다.

다. 특수경비업자는 특수경비원에게 선임한 경비지도사가 수립한 교육계획에 따라 매월 행정안전부령으로 정한 6시간 직무교육을 받도록 하여야 한다.

2. 공항방호 기본지침

(1) 일반지침

가. 국방부 대통령 훈령 제28호에서 공항방호의 일반지침은 공항공사 사장(지사장)은 직장방위협의회 의장으로서 관련 부서별 협조체제를 강구하며 기능별 임무로서 공항방호책임은 공항공사 사장(지사장)에게 있고 정보 · 보안에 관한 조정책임은 국가정보원(군사안보지원사)이나 공항 파견 책임자에게 있으며 항공기운항관리책임은 지방항공청장에게 있다.

나. 공항방호를 위한 합동상황실은 시설주의 지원을 받아 방호책임자가 운영하되 지역의 특성과 여건에 따라 운영방법을 조정 할 수 있다.

다. 공항에 상주하는 정부 관련 부서 및 국영업체에 방호업무를 부여하며 공항 전 근무요원은 고유 업무를 수행하면서 담당구역에 대한 감시 및 경비업무를 수행할 수 있도록 특별 수칙을 부여한다. 각 책임구역별 감시 및 방호 책임자를 임명하고 순찰과 감시구역을 중복하여 사각지대를 해소한다.

보호구역 출입초소와 보안검색장비

라. 정보 · 보안검색을 위하여 상주하고 있는 부서는 사무실 자체 방호 및 안전책임을 진다.

(2) 3지대 방호개념

가. 공항의 3지대 방호개념은 타 시설 방호개념과 상이하므로 시설의 특성을 고려하여 방호해야 한다. 지역이 넓고 개활지이므로 여객청사, 화물청사, 관제탑, 동력동 등 시설별 자체보호, 거부장애물 설치, 주변 감제고지 통제 등이 이루어져야 하며 5분대기조를 분산 보유해야 한다.

나. 제1지대(경계지대)는 적의 침투 및 적 화기의 사거리를 고려하여 이를 저지할 수 있는 예상 접근로상의 "목"지역 및 감제고지와 항공기 이 · 착륙 회랑(기지특성 고려 활주로방향 8~12km)을 통제하는 경계지대로서 불규칙적인 수색정찰이나 매복활동과 관측소 및 검문소 운용과 대비책을 수립 시행한다.

다. 제2지대(주 방어지대)는 공항울타리 외곽 1~2Km 범위 내에서 적 침투 및 공격을 저지 격멸하는 주방어지대로서 전면 방어 개념을 적용하여 진지를 편성하고 경비요원, 주 · 야간 초소 운용, 순찰, 활동으로 출입자를 통제하고 현대화된 과학화 장비 및 시설물을 설치와 5분대기조를 보유하는 등 적의 침투대비책을 수립 시행한다.

라. 제3지대(핵심방어지대)는 시설의 주 기능에 결정적인 영향을 미치는 핵심시설로서 주방어지대의 종심을 보강하고 침투한 적을 최종적으로 격멸하기 위해서 초소운영 유사시 전면방어를 할 수 있도록 5분대기조를 분산 운영하여 적의 침투에 대비한다. 울타리로부터 외곽으로 소총유효사거리를 기준으로 하되, 지형지물을 고려하여 설정하며 시설주가 방호한다.

마. 공항방호를 위한 지휘체제는 공항방호책임자가 지형, 규모, 시설여건 등을 고려하여 중요시설 방호개념에 의거 제 작전요소(군, 경찰, 청원경찰, 특수경비원, 직장예비군 등)를 통합하여 지휘 및 협조체제를 구축한다.

(3) 공항방호를 위한 경비형태

가. 공항경비형태는 인력경비와 기계경비로 크게 구분할 수 있다. 우리나라의 경비형태는 과거에는 인력경비에 대부분 의존하였으나 최근 들어서는 첨단과학화

장비를 이용한 기계경비로 전환하고 있는 실정이다. 오늘날에 경비형태는 실질적으로 순수인력경비 또는 순수기계경비 보다는 기계경비와 인력경비가 혼합되어 이루어지는 경우가 적지 않다. 경비형태의 분류는 경비시스템의 운영에 있어서 어느 부분에 보다 중점을 두고 있느냐에 따라서 경비형태가 달라질 수가 있다.

나. 국가주요시설의 경비인력은 청원경찰 또는 특수경비원을 운영하고 시설의 규모 및 성격, 지역의 특성 등을 고려하여 경비인원을 배치하되 시설주가 적정인원을 확보하여 운용하고 긴급 및 우발상황 발생 시 즉각적인 조치를 강구할 수 있도록 5분대기조를 편성 운용하는 경비형태로 순수하게 인력으로 경비하는 형태이다.

다. 기계경비업무란 경비업법 제2조 1호 라목에 의하면 경비대상시설에 설치한 기기에 의하여 감지 · 송신된 정보를 그 경비대상 시설외의 장소에 설치한 관제시설의 기기로 수신하여 도난 · 화재 등 위험발생을 방지하는 업무로 보호시설 및 대상에 감지기 및 신호수신기를 설치하여 중앙통제센터와 온라인으로 시스템을 구축하고 통제센터에서 24시간 이상 정보를 탐지하여 이상정보가 발생 했을 경우 출동경비원이 긴급 출동하여 상황에 응하게 된다. 그리고 경비대상시설에 관한 경보를 수신한 때에는 늦어도 25분 이내에는 도착시킬 수 있는 대응체제를 갖추어야 한다.

3. 항공경비요원 근무

(1) 특수경비원 배치

가. 항공경비요원은 경계근무를 위해 지정된 시간과 장소에서 근무하는 자를 말하며 경비요원에게 부여된 임무는 신성하고 임무 수행 시 권한은 절대적이며 그 누구도 침해하여서는 아니 된다. 경비요원은 책임감, 희생정신을 구비하여야 하고 임무수행 간에는 인내심, 침착성, 대담성이 필요하다.

나. 청원경찰법 제4조에서 청원경찰의 배치결정을 받은 자와 배치된 기관 · 시설 또는 사업장 등의 구역을 관할하는 경찰서장의 감독을 받아 그 경비 구역 안에 한하여 경비목적을 위하여 필요한 범위 안에서 경찰관직무집행법에 의한 경찰

관의 직무를 행하도록 규정하고 있다.

다. 경비업법에서 특수경비원은 공항(항공기 포함)등 대통령령이 정하는 국가중요시설의 경비 및 도난, 화재 그 밖의 위험 발생을 방지하는 업무를 수행하여야 한다.

(2) 특수경비원 근무수칙

보안시설 차량출입통제

가. 경비요원 근무수칙은 직무수행 중에 지켜야 하는 규칙으로서 일반수칙과 특별수칙으로 구분하는데 초소에 또는 경비원이 쉽게 볼 수 있는 곳에 부착하여 실제 활용이 가능토록 한다.

나. 일반 근무수칙은 어떠한 상황이나 지역에 관계없이 모든 경비요원이 준수해야 할 사항으로 경비요원은 책임구역을 경계하며 책임구역내의 인원과 재산을 보호하고 경계근무 상 상관의 명령을 받아 근무하며 상황이 발생 시 즉각 조치하고 이를 종합상황실에 보고 및 인접초소에 전파한다.

다. 경비요원은 출입하는 모든 인원 및 차량(적재물 포함)을 통제하며 필요시 검문검색을 하고 경비요원의 정당한 요구에 응하지 않는 자에 대해서는 필요한 조치를 취하며 경비요원은 어떠한 경우라도 무기와 탄약을 방치하거나 타인에게 넘겨주어서는 안 된다. 또한 경비요원은 근무 중 인접초소에 상황이 발생하여 증원할 때를 제외하고는 지정된 위치를 이탈하거나 불필요한 말과 행동을 해서는 안 되며 근무 중에 있었던 사항을 후번 근무자에게 인계한다.

라. 특별 근무수칙은 일반 직무수칙에 추가하여 임무숙지 및 행동화를 고려하여 간단명료해야 하고 또한 경비요원은 초소에 부여된 특별수칙을 숙지하여 근무하여야 한다. 근무 및 인접 초소를 포함한 초소의 명칭. 지상, 해상, 공중, 지하 등을 포함한 경계 및 감시구역. 도로, 교량, 마을, 고지 등의 중요 지형지물 명칭. 특별히 경계해야 할 요소 및 방향. 경계활동의 협조사항. 기타 부여된 지시사항을 기준으로 근무지별 특성, 여건에 맞도록 특별수칙을 적용한다.

(3) 특수경비원 운영기준

가. 경비요원의 운영기준은 시설의 규모, 핵심시설의 수, 지리적 취약요소, 경비사각지대의 수 등을 고려하여 경비인력을 조정할 수 있으며 또한 외곽울타리, 건물, 지역에 CCTV등 경비과학화 보안장비를 설치하여 운영시은 경비인력을 가감 할 수 있다.

나. 경비요원의 운영 기준[22)]은 다음과 같다.

1) 정문, 상시사용출입문, 경비상황실 : 2명 이상
2) 핵심시설 밀집보호구역 출입구, 일반초소 : 1명
3) 순찰, 초동조치 : 2명 이상

공항 대테러상황실

다. 5분 대기조는 공항별 규모 및 특성에 따라 적절한 규모로 운용하며 상시 출동태세를 유지하고 경비상황실과의 통신대책이 강구되어야 하며 후속증원요원은 경찰이나 군의 지원을 받을 수 있도록 필요한 계획을 수립하여 평상시 훈련을 통하여 원활한 지원을 받을 수 있도록 사전에 준비되고 필요시 경계협정서를 체결하여야 한다.

(4) 특수경비원 근무방법

가. 경비요원 근무방법[23)]은 밀어내기식, 고정근무식, 전원순찰식이 있으며 임무, 지형, 기상, 가용시간 등을 고려하여 최상의 경계태세가 유지 될 수 있도록 시설별로 융통성 있게 적용할 수 있다.

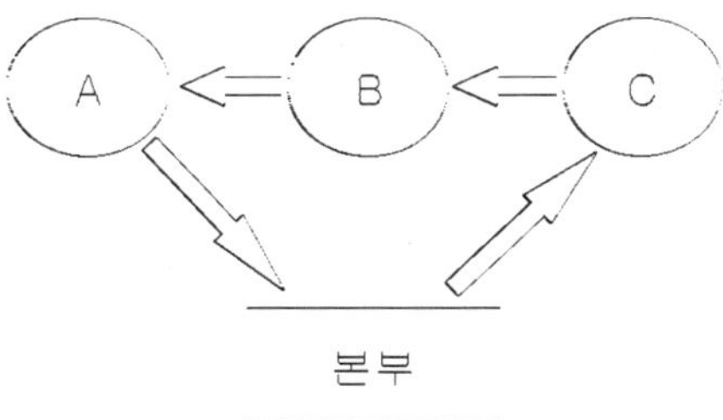

밀어내기실 근무방법

나. 밀어내기식은 일정한 시간마다 대기실에 위치한 대기자가 이동하여 C초소 근무자를 밀어내고 B초소 근무자은 A초소 근무자를 밀어내며 이와 같이 계속 실시하여 A초소 근무조가 대기실로 복귀하는 방법

22) 국가보안시설 및 보호장비관리지침 별표1 경비요소확보기준
23) 항공보안론(고광남, 소대섭 공저 130쪽~131쪽)

이다. 이 근무방법은 시설의 지형, 여건에 따라 책임지역을 2개조로 구분하는 등 융통성 있게 적용할 수 있다. 장점으로는 초소간격을 통제하기가 용이하고 졸음을 방지할 수가 있으며 권태감을 해소할 수 반면에 경비요원의 위치를 노출시킴으로서 기도비닉을 유지하기가 곤란한 단점이 있다.

다. 고정근무식은 지정된 초소에서 계획된 시간동안 계속 근무하는 방법으로 침입자를 발견할 경우 즉각적인 조치나 기도비닉[24]을 유지할 수 있는 이점이 있는가 하면 고정근무로 인한 권태감이나 졸음방지가 곤란하고 초소간격 통제가 취약하며 순찰의 소요가 증대되는 단점이 있다.

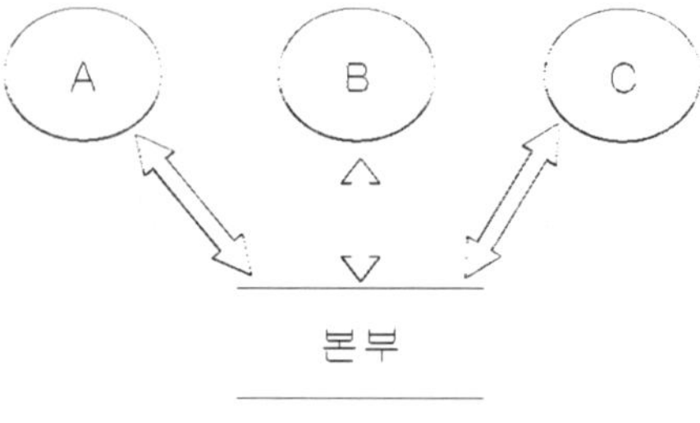

고정근무식 근무방법

라. 전원순찰식은 지정된 책임구역을 계획된 근무시간동안에 경비근무요원이 지정된 구간을 반복하적으로 이동하면서 근무하는 방법이다. 이는 순찰식으로 근무하기 때문에 졸음을 방지할 수 있으면서 초소간격을 통제하기가 용이한 이점이 있고 침입자를 발견하였을 경우에 즉각적인 조치가 곤란하고 기도비닉을 유지하기 곤란하며 피로가 증가되는 단점도 있다.

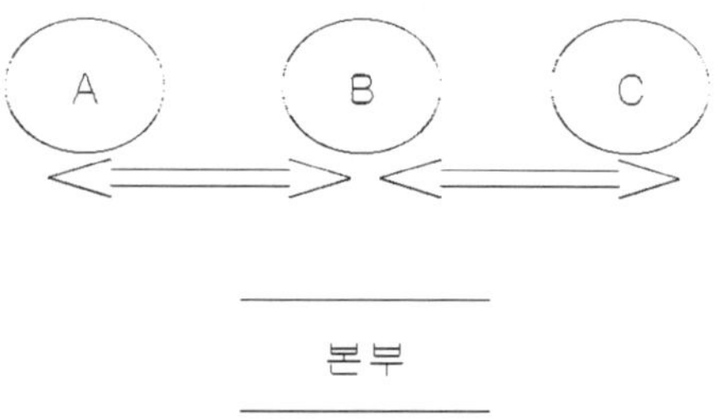

전원순찰식 근무방법

4. 경비초소 근무 및 보호대책

(1) 경비초소 운영

가. 경비초소 위치는 책임구역을 가장 잘 감시할 수 있고 상황발생시 유리한 지형에 위치해야 한다. 주간초소위치는 넓은 지역의 감시가 용이한 곳, 불순분자의 행동을 감시하면서 출입 인원 및 차량통제가 용이한 곳에 위치하여야 한다. 야간에는 적 또는 불순분자의 감시가 용이한 낮은 곳, 음향청취 및 화염발견이 용이하고 불순분자의 접근지역 통제가 용이하면서 주위가 조용한 곳이 좋다.

24) '조용히 들키지 않고 움직인다'는 군대에서 사용하는 용어임

나. 초소설치 간격은 주변지형, 감시범위, 순찰로 및 순찰제도, 과학보안장비 설치 등 경비여건과 주·야간 육안식별거리를 고려하여 설치하되 사각지대가 발생하지 않도록 하여야 하고 순찰 인원, 수단, 횟수 등에 따라 초소설치거리를 연장할 수 있다.

보안울타리와 망루초소

다. 초소 종류에는 시설주위이나 울타리지역 밖의 지역이 잘 보이도록 하기 위한 망루초소를 비롯하여 사람의 출입을 통제하는 초소, 차량의 출입통제초소, 사람과 차량의 출입을 동시에 통제하는 출입통제초소 등 그 임무와 성격에 따라 다양하게 구분될 수 있다.

라. 출입초소는 인원과 차량이 출입할 수 있는 초소와 인원만이 출입할 수 있는 출입초소로 구분할 수 있다. 모든 출입초소에는 출입인원 및 차량의 출입증을 확인하여야 하며, 인원 및 차량에 대한 보안검색을 할 수 있는 항공보안장비가 설치되어 있어야 한다. 또한 비인가 차량의 무단 출입 또는 돌진을 막기 위해서 로드블럭 또는 타이어킬러 등 차단장치를 설치하여 출입통제를 실시하여야 한다.

마. 망루 및 외곽초소 근무요령은 다음과 같다.

1) 보안도로 이동 인원 및 차량감시
2) 울타리 경비지역 비인가자접근 및 밀입국자 방지
3) 비인가자 접근시 경고 및 접근차단
4) 비상 상황시 경비상황실에 보고 및 인접초소에 상황전파

(2) 보호구역 보호대책

가. 공항운영자는 보호구역에 진입하는 모든 인원, 물품, 차량 등에 대하여 보안검색을 실시하여야 한다.

나. 공항운영자는 보호구역 안으로 진입할 수 있는 출입구를 설치하여야 하며, 출입구에는 물리적 방어 기능을 갖춘 장벽 또는 이와 유사한 시설물을 설치하여야 하고, 보호구역 출입구에 경비요원배치 및 출입통제 시스템 등을 설치하여야 한다.

다. 공항운영자는 보호구역 출입구에 관계자외 출입을 제한한다는 출입통제 표지판을 설치하여야 하며 보호구역 출입통제지점에는 항공경비요원을 배치할 수 있는 초소를 설치·운영하여야 한다.

인천국제공항 보호구역 출입초소

라. 공항운영자는 순찰업무와 외부에서 내부로 뿐만 아니라 내부에서 외부로의 침입 방지를 위하여 외곽울타리 또는 장벽 양쪽의 개방지역 및 공항내부 울타리 지역에 순찰로를 설치하여야 한다. 또한, 공항 내부로의 침입 또는 외부로의 도주 방지를 위하여 보안 시설물을 설치·관리하여야 하고, 울타리 인접지역의 월담 보조물을 정비하여야 한다.

마. 여객터미널 내 보호구역 및 계류장·외곽 울타리 근처를 시간·경로 등을 변경하여 지속적으로 순찰하여야 한다.

바. 공항운영자는 탑승교의 모든 출입문에 잠금장치를 설치하여야 하며, 항공기가 탑승교에 주기되어 있지 않을 때에는 비인가자가 탑승교 안으로 진입할 수 없도록 통제하여야 한다.

사. 공항운영자는 항공기 주기장 및 공항 외곽울타리 지역에 조명시설을 설치하여야 하며, 야간에 항공기가 주기된 장소에는 조명시설을 점등하여야 한다.

아. 보호구역을 출입하는 인원(차량포함)은 출입증이 잘 보이는 곳에 패용(부착)하여야 하며 출입인원, 차량 및 장비 등에 대한 출입을 통제하여야 한다.

Chap. 4

항공경비 실무

제1절 보호구역 출입통제 및 보안검색

제2절 순찰 및 5분대기조 운영

제3절 항공보안 등급별 계획

제4장 항공경비 실무

제1절 보호구역 출입통제 및 보안검색

1. 보호구역 출입통제

(1) 공항운영자는 보호구역을 일반지역으로부터 분리하여야 하며, 일반지역과 보호구역 간의 경계가 구분될 수 있도록 외곽 보안울타리 또는 장벽을 「국가 보안시설 및 보호 장비 관리지침」 기준에 따라 설치하여야 하며, 외곽 보안울타리 또는 장벽을 정상적인 상태로 유지하여야 한다.

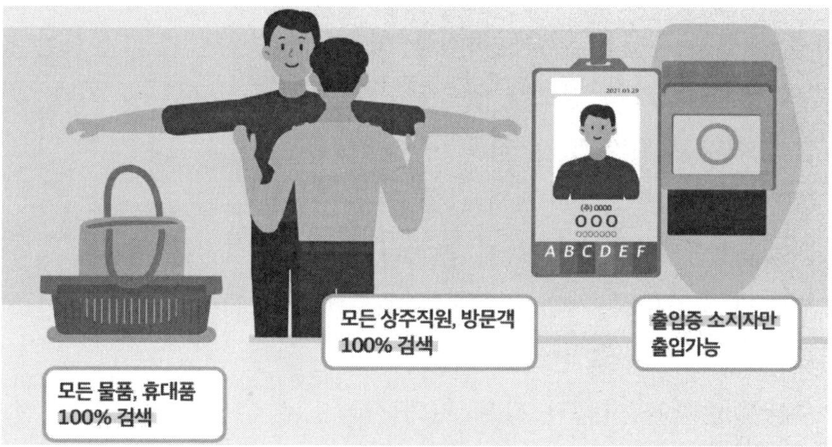

보호구역 출입절차

가. 자체보안계획에 의거 보호구역으로 출입하려는 사람, 차량, 물품에 대해 출입통제, 신원확인 및 보안검색 등을 실시하여야 한다.

나. 보안검색을 거부하는 사람 또는 휴대물품에 대해 보호구역 출입을 금지시켜야 한다.

다. 출입증의 종류는 정규 출입증(사람 · 차량), 임시 출입증(사람 · 차량), 방문증

(순찰증 포함)등으로 구분한다.

라. 모든 출입자에 대하여 당일 출입횟수에 관계없이 출입 시마다 매번 출입증을 인식하도록 한다.

마. 경비요원은 출입인원 중 적절한 조치가 필요하다고 판단되면(의심스러운 언어와 행동, 만취상태 등) 그 신병을 확보하고 인적 사항을 기록 후 보안상황실에 통보한다.

바. 임시출입증 또는 방문증 소지자가 공항 보호구역으로 출입하려는 경우 다음 사항을 확인하여야 한다.

1) 정규출입증 소지자의 인솔 하에 출입. 다만, 외교관 등은 별도 규정에 의한다.

2) 해당 구역 출입 목적이 명시된 공문 또는 허가서 소지

사. 출입증 소지자가 보호구역으로 진입하거나 보호구역 안에 있는 경우 항상 의복 외부의 잘 보이는 곳에 출입증을 패용하도록 조치한다.

아. 보호구역 출입통제 요원은 차량 출입 시 차량 운전자에 대한 검색을 별도로 실시하여야 한다.

자. 다음의 경우 휴대용 금속탐지기를 이용하여 추가검색을 실시한다.

1) 문형금속탐지기가 경보가 발생된 상황에서 해당부위 및 기타 의심스러운 신체 취약 부위가 있는 경우

2) 추가 검색이 필요하다고 판단할 경우

3) 문형금속탐지기가 작동하지 않거나 사용할 수 없을 경우

차. 출입통제 경비요원은 다음의 경우 개봉검색, 신체촉수검색, 폭발물탐지장비 등을 이용한 검사를 실시한다.

1) 수상한 승객과 다음과 같은 위해물품 또는 수상한 물품이 발견 될 경우

① 폭발물 이외의 위해물품을 X-Ray화면에서 발견 시

② 비정상적으로 무거운 가방이나, 물품의 안정성에 의심이 있을 경우

2) 가방내부의 물품이 식별이 되지 않을 경우

① 보안장비가 작동하지 않을 경우

② 배터리로 작동되는 의심 가는 전자제품

③ 국가우발계획에 의거 무작위 수(手)검색 비율적용

④ 100ml이하 액체류 중 액체폭발물 또는 위험물질로 의심될 경우

⑤ 근무자가 신체촉수검색이 필요하다고 판단되는 경우 등

카. 보호구역내에서 항공기사고, 화재, 테러, 인명구조, 기타 긴급을 요하는 비상상황이 발생한 경우에는 사전에 공사 항공보안부서의 협조 하에 한시적으로 출입증을 소지하지 아니하고도 해당인원 또는 차량의 출입을 허가 할 수 있으며 위 인원이 보호구역 원활한 출입할 수 있도록 협조한다.

(2) 보호구역 내 총기류 반출 / 입 절차

가. 항공기에 반출 · 입 시 승인절차 : 행사 3일전에 각국 대사관 → 외교부(또는 정부부처) → 국토교통부(승인) → (행사 1일전) 외교부, 세관, 해당항공사, 공항공사(반입시 반입절차도 일괄 처리)

※ 경찰청으로 총기 반입정보는 외교부에서 통보

나. 입국 시 반입절차 : 항공기 도착→ 항공사, 세관, 경찰, 담당직원 현장 총기검사 및 관련서류 서명→ 입국

다. 출국장을 이용하여 총기류 기내 반입 시 : 공항에 도착 → 항공사 체크인(총기 소지공지) → 세관, 경호실, 경찰, 항공사 수량 확인(총포류 인수/인계서 작성) → 항공사, 세관 인솔 하 출국장 통과(보안검색요원 총포류 인수/인계서 제시) → 탑승항공기 기장 인수인계 → 출국

라. 귀빈실 전용문을 이용하여 총기류를 기내에 반입 시 : 경호실, 경찰대, 항공사, 세관직원, 공사 감독부서 직원, 경비요원이 귀빈실에서 귀빈 출국 전에 국토교통부의 승인문서 근거에 의거 반입총기에 대한 현황 (총기 명, 일련번호, 실탄 종류 및 발수 등)을 확인 후에 최종적으로 작성 서명한 총포류 인수인계서를 출입초소에 보관한다.

마. 보호구역에만 무기류 반입 시(경호 및 훈련)

1) 보호구역 승인절차 : 행사 3일전에 각국대사관 → 외교부 경찰청 또는 정부부처 → (행사 1일전) 공항공사 출입정보 해당 출입 초소 및 보안검색 통보

2) 반입절차 : 공항도착 → 인원출입증(경찰 : 경찰단 / 경호실 : 의전팀) → 출입초소 및 시간 대테러상황실 통보 → 경찰(또는 의전요원)인솔 출입 장소 통과

3) 출입신청서 기재내용 : 출입 일시, 장소 또는 입·출국 일시, 항공 편명, 인원(세부 출입자 명단 ID번호), 사유 또는 행사명, 무기종류 및 수량(탄약 포함)

(3) 위해물품 처리절차

가. 안보위해물품은 폭발물, 총기, 실탄, 도검, 기타 테러에 사용이 가능한 물품 등 항공기 및 승객의 안전에 위험이 될 수 있는 것으로 승객이 소지하고 기내에 탑승할 수 없는 물품을 말한다.

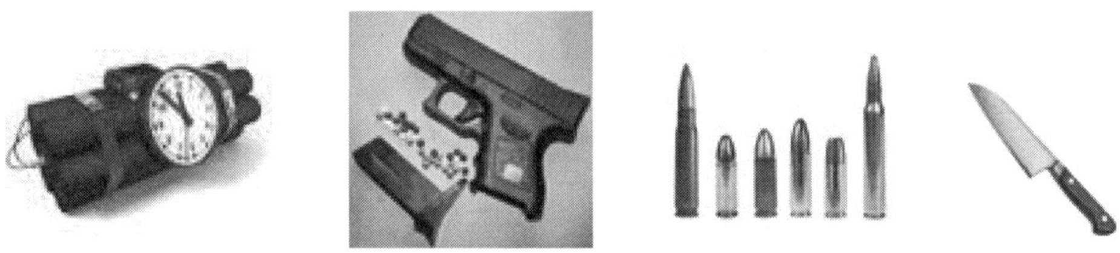

안보위해물품 종류

나. 일반위해물품 분류

1) R/I(Restricted Item)물품 : 승객의 안전에 영향을 줄 수 있는 골프채, 공구류, 흉기류, 야구 방망이, 가위, 포크, 송곳, 다용도 칼 등으로 국토교통부 고시 '항공기 내 반입금지 위해물품'에 따라 위탁수하물로 탁송 처리되거나 기내반입휴대가 금지되는 물품

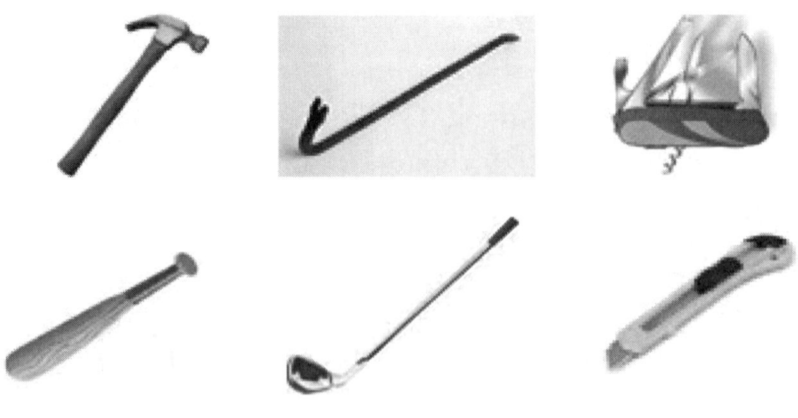

위해물품 종류

2) 액체류 물품 : 국토교통부 고시 액체 · 겔류(gel) 등 '항공기 내 반입금지 물질'에 해당되는 100ml 초과 용기에 담긴 액체, 분무, 겔류 등으로 위탁수하물로 탁송 처리되거나 기내반입이 금지되는 물품

3) 위험물품 등 : 인화성물질, 방사능 물질 등 위험한 물질 등으로 승객이 기내에 반입이 금지되는 물품

위험물품 종류

다. 국외 반출금지물품은 관세법, 국가보안목표 관리지침 제 25조 등 에서 정하는 물품

(4) 항공기 내 반입금지 위해물품의 제한 허용

가. 액체류, 젤류 등을 입국하지 않은 환승 및 통과 승객에 대해서는 훼손탐지 가능 봉투(STEB, Security Tamper Evident bag)을 사용 하였거나, 다음과 같은 경우 기내반입을 허용한다.

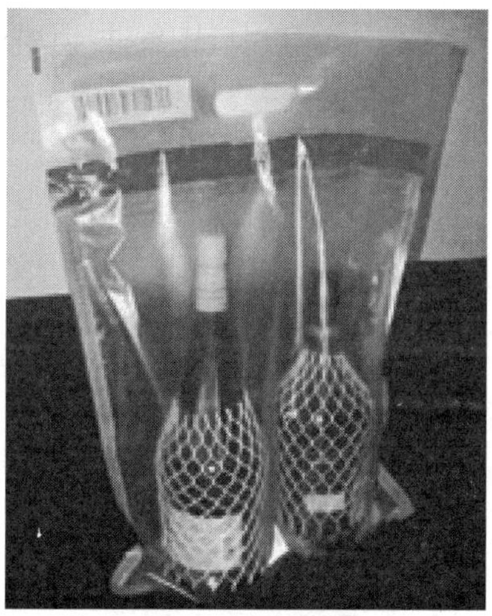

STEB 비닐봉투

1) 모든 액체류는 단위 용기 당 100ml(이와 동등한 용량 표시 : 3.4온스=100그램)이하의 용기를 사용하거나 100ml를 초과하는 빈 용기의 반입은 허용한다.

2) 액체류 운송용기는 최대용량이 1리터(크

기는 20.5cm×20.5cm, 25cm×15cm 또는 이와 동등한 것)를 초과하지 않는 투명봉투(TRSPB: Transparent Re-Sealable Plastic Bags)를 사용

3) 승객 1인당 투명봉투 1개 허용

4) 보안검색 완료구역(출국장 면세점)에서 구입한 음료수 기내 반입 허용

나. 의료목적에 해당되는 물품은 확인 후 반입을 허용한다.

다. 제복을 착용하고, 신분증을 패용한 운항을 위한 항공사 승무원이 소지한 액체, 분무, 겔류는 허용한다.

(5) 안보위해물품 적발 시 처리

가. 근무자는 안보위해물품을 발견 또는 판독하였을 경우 감독에게 통보하며, 감독은 보안상황실로 통보한다. 단, 군인 및 군무원이 동 물품을 소지한 경우 군 정보수사기관에 통보한다.

나. 근무자는 필요한 안전조치를 취하고, 해당 상주직원의 신병을 확보한다.

(6) 국외 반출금지 물품 적발 시

가. 국외 반출금지 물품을 적발한 경우 해당물품 관리기관에 통보한다.

나. 미화 1만 달러를 초과하는 내국통화(원화) 및 원화표시 여행자수표 등을 소지한 경우 세관에 통보한다.

다. 미신고 한도초과 외환소지자는 감독에게 통보하고, 세관신고대에 인계 후 적발보고서를 작성한다.

(7) 미승인 위해물품 미적발 시 조치

가. 미승인 위해물품은 초소에서 확인 및 조치하여야 하나 적발 실패 발생 시 업체는 원인 및 대책을 통보하여야 한다.

나. 해당 근무자를 검색업무에서 제외시키고, 지정된 교육기관에서 4시간이상 교육을 이수하여야 한다.

(8) 안보위해물품 적발 시 상황별 대응절차

가. 신체검색에서 안보위해물품 적발 시 조치

1) 주변 근무자와 함께 해당 상주직원을 확보 한 후 해당 상황을 보안상황실에 통보하고 5분대기조를 요청한다.
2) 폭발물처리반[25](이하 EOD라고 함)이 상황 처리토록 하고 처리 결과를 통보한다.
3) 해당 휴대품은 해당 직원 인계 또는 EOD에서 회수한다.

폭발물처리훈련에서 폭발물을 안전하게 운반하는 폭발물처리요원

나. X-Ray 검색에서 안보위해물품 적발 시 조치
1) 초소근무자는 해당 물품을 확보하고 신체검색근무자는 신병을 확보하며 안내 근무자는 검색대 진입을 통제 한다.
2) 주변 근무자와 함께 해당 상주직원을 확보 한 후 해당 상황을 대테러상황실에 통보하고 기동타격대를 요청한다.
3) EOD가 상황 처리토록 하고 처리 결과를 통보한다.
4) 해당 휴대품은 해당 직원 인계 또는 EOD에서 회수한다.

---

25) EOD(Explosive Ordnance Disposal) 폭발물 처리

2. 보호구역 보안검색

(1) 공항운영자는 항공보안법 제13조(보호구역에의 출입허가)에 따라 출입허가를 받아 보호구역으로 들어가는 사람 및 차량 또는 물품에 대한 출입통제 및 보안검색을 실시하여야 한다.

공항 보호구역 출입초소

(2) 공항운영자는 보안검색 완료지역으로 들어가는 승무원, 공항 보호구역 출입증 소지한 공항직원, 기타 보호구역 진입을 허가를 받은 사람 및 휴대물품에 대하여도 일반승객과 동일한 방법으로 보안검색을 하여야 한다.

(3) 정규출입증 소지자는 보호구역 출입증을 출입보호구역 출입초소에 설치된 카드리더에 인식하면 인가확인을 통해 녹색램프가 커지며 출입할 수 있다. 만약 비인가자 또는 출입허가지역이 아닐 경우에는 적색램프가 켜지며 이때 경비요원이 출입증을 확인하여 인가여부를 확인한다.

(4) 분실출입증을 카드리더에 인식할 경우 경보음이 발생하며 경비요원이 출입증을 확인하고 분실출입증으로 확인될 경우에는 출입증을 회수하고 분실출입증을 사용한 사람을 조사하고 불법이 의심될 경우에는 대테러상황실을 통해 합동조사를 의뢰하여야 한다.

(5) 출입허가된 사람은 문형금속탐지기를 통과해야 하며 문형금속탐지기에서 경보음이 발생될 경우에는 경보음 발생 원인을 위해 휴대용금속탐지기 또는 육안확인을 통해 정밀검색을 실시한다.

(6) 임시출입증 소지자 또는 방문증 소지자는 출입증 발급확인서와 사진이 부착된 신분증을 제시할 것을 요구하여 본인여부를 정확히 확인한 이후에 출입이 허용

된다. 비상주임시출입증과 방문증 소지자는 정규출입증을 소지한 인솔자와 동행하여야 출입이 가능하다.

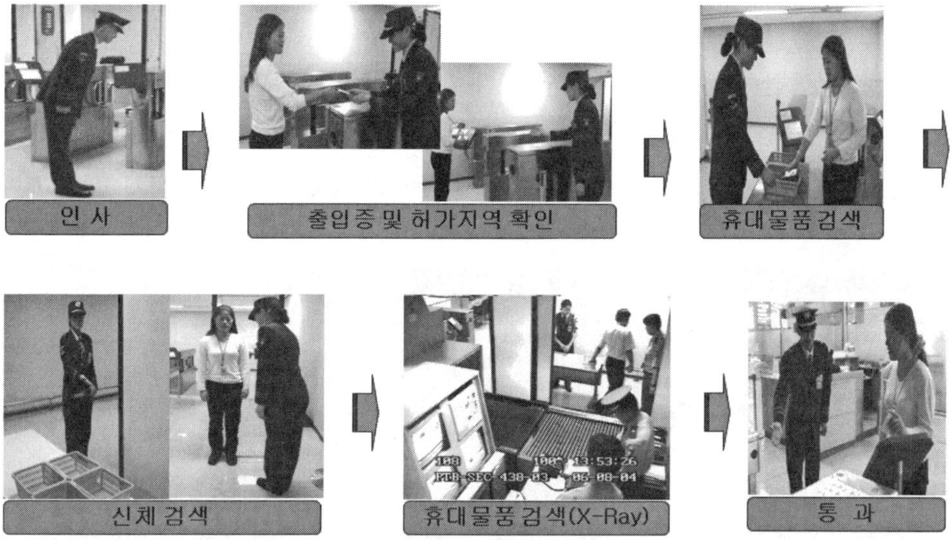

보호구역 출입초소의 출입통제 및 보안검색절차

3. 차량 보호구역 통제

(1) 차량 출입통제

가. 차량 및 장비 등에 대한 출입통제는 항공보안법 시행규칙 제6조(보호구역 등에 대한 출입허가 등)에 따라 출입허가를 받은 차량을 운행하여 출입하는 경우에는 해당 차량의 운전석 앞 유리창에도 차량출입증을 붙여야 한다. 보호구역으로 출입하는 모든 차량, 장비 및 탑승자는 출입통제와 보안검색을 받아야 한다.

차량 출입통제 및 보안검색절차

나. 보호구역 정규/임시 출입허가 차량 검색절차[26]는 다음과 같다.

1) 차량출입 허가증 차량번호 및 번호판 차량 일치 여부 확인
2) 운전자 · 동승객은 차량엔진을 중지시키고 개인 휴대 · 소지품을 가지고 하기
3) 운전자 또는 동승객 이상 징후 포착 시 정밀검색 실시(의심구역 집중검색)
4) 차량 검색간 비인가자 무단진입 대비 주변경계 철저 이행
5) 차량 보안검색 기본 절차는 ① 차량출입증 일치 여부확인 ② 차량내부 ③ 트렁크/적재함 ④ 본넷트(엔진룸) ⑤ 차량외부/하부 순서로 실시한다.

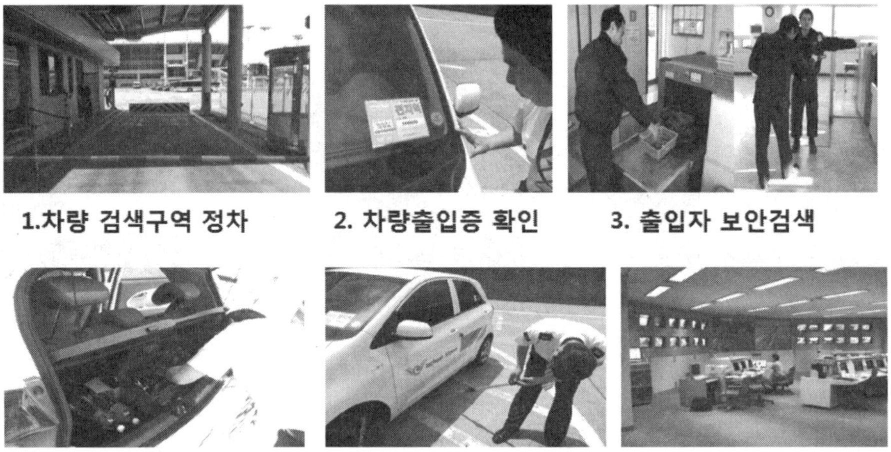

1.차량 검색구역 정차 / 2. 차량출입증 확인 / 3. 출입자 보안검색

4. 차량 보안검색 / 5. 차량하부 보안검색 / 6. 특이사항 상황실보고

보호구역 차량 출입 시 출입통제 및 검색절차

(2) 차량 검색방법

가. 차량에 탑승한 운전자 및 동승자의 보안검색은 출입자의 보안검색과 같은 방법으로 실시하며 차량은 보호구역출입이 허가된 차량인지 여부를 차량출입증으로 확인한 후에 차량의 가동을 중지시키고 차량의 외부부터, 트렁크, 급유구, 타이어, 엔진룸, 차량의 하부, 차량의 내부 등 빠진 곳이 없도록, 육안 및 검색장비를 이용한 검색을 실시한다.

나. 차량검색 시 유의사항은 다음과 같다.

26) 국가항공보안계획(7.5.9 : 공항운영자는 보호구역 진입허가 차량에 대한 검색을 부록4에 따라 실시하여야 하며, 검색기준에 대한 적용은 「국가항공보안 우발계획」에 따른 항공보안 등급에 따른다.)

검색경으로 차량하부 검색

1) 차량검색 시는 팀 단위로 검색하는 것이 좋으며 운전자와 탑승자의 위치를 항상 파악한 후 운전자에게 모든 문과 트렁크 등을 개방하도록 하여야 한다.
2) 엔진작동 중 차량검색을 실시해서는 아니되며 운전자에게 공격할 기회를 제공해서는 안 된다.
3) 폭발물을 설치했을 가능성이 있거나 운전자가 도주 또는 검색을 방해할 우려가 있을 경우에는 운전자를 안전한 장소에 격리해야 한다.
4) 운전자가 눈에 띌 정도로 몸이나 손을 떨고 시선을 회피하며 땀을 많이 흘리거나 한숨을 쉬거나 목소리가 떨리거나 말을 더듬거리는 등 불안정한 행동을 보이는 사람은 주의해서 차량검색을 하여야 한다.

(3) 비상발생시 차량 비상출입절차

가. 보호구역내에서 항공기 추락, 화재, 테러, 인명구조, 기타 긴급을 요하는 비상상황이 발생한 경우에는 사전에 공항운영자 항공보안부서의 협조하에 한시적으로 출입증을 소지하지 아니하고도 해당인원 또는 차량의 출입을 허가할 수 있다.

나. 사전에 지정된 공항외곽 만남의 장소에 집결하면 출입증이 없어도 경비차량의 인솔하에 보호구역으로 신속하게 출입하여 긴급구조 및 구난 등의 업무를 수행하게 할 수 있다.

다. 다만, 비상시 보호구역에 출입한 차량의 해당 기관(업체)의 장은 출입사유가 종료되는 때로부터 2시간 이내에 출입자 및 차량관련 정보를 공항운영자에게 제출하여야 한다.

4. 보안상황실 운영

(1) 목 적

공항지역에 대한 각종 불법 방해 행위 및 보안 사고에 대비하여 공항 시설의 방호와 여객 및 화물의 안전을 확보하여 공항을 이용하는 모든 승객 및 상주직원 (공사·항공사, 상주업체, 관계기관 등) 들에게 최적의 보안환경을 제공하기 위하여 터미널 보안상황실에 배치된 근무자의 책임과 관련된 행동지침을 제시하는데 목적이 있다.

(2) 적용 범위

공사가 관리 운영하는 보안상황실 내의 근무자에게 적용된다.

(3) 임 무

가. 보안상황실은 여객터미널에 위치하며 통합경비보안시스템을 활용하여 공항지역 내의 전반적인 보안상황을 감시하고 경보발생과 동시에 인근지역의 경비보안인력 및 순찰조, 5분대기 요원 등 공항내 모든 보안인력을 효율적으로 활용하여 상황을 조치한다.

(4) 기 능

가. 일반적인 보안상황에 대하여는 공항 감독부서에서 자체적으로 처리하고 공항운영에 영향을 줄 수 있는 주요 사건 발생 시 관련 기관에 통보하고 협조처리할 수 있도록 공항운영센터에 통보한다. 또한, 공항운영센터에서 통제권 이양을 요구할 경우 통제권을 이양하고 지시에 따라 조치한다.

나. 기능

상황 관리	감시 기능	출입자 관리	시스템 관리
o 상황 접수 o 상황 전파 o 초동 조치	o 모니터링 o 경보처리 o 영상확인	o 출입자 통제 o 출입상태 확인 o 위규자 관리	o 시스템 운영 o 정상작동 확인 o 시스템 정비 건의

(5) 시스템 운영 개념

가. 공항안전(Safely), 보안경비(Security), 비상(Emergency), 위기관리(Crisis Management) 등의 기능이 결합된 시스템 운영을 기본으로 한다.

나. 공항내 화재발생, 교통 및 운송시설 이용 시의 각종 안전사고, 외부 불순 · 적대 세력으로 부터의 침투 파괴행위, 항공기 납치, 폭파, 테러 등 수많은 위험요인으로부터의 위기상황에 신속히 대처해야 한다.

다. 위의 위기상황에 대응하기 위하여 24시간 CCTV 모니터링과 현장상황을 파악하여 신속한 정보 수집, 적시적인 상황판단을 통하여 피해 복구 및 인명구조를 위한 구난체제의 조속한 가동 지원, 사고수습 및 체계적인 상황처리 등과 관련하여 공항 내 관계기관 / 부서에게 신속한 상황접수, 전파 처리를 해야 한다.

보안상황실

제2절 순찰 및 5분대기조 운영

1. 순 찰

(1) 순찰목적

가. 이 절차의 목적은 폭발물 설치, 파괴행위 혹은 시설의 파손 각종 범법행위 등 공항에 대한 위해 행위로부터 공항을 방호하기 위해 공항시설을 순찰하는 경비요원에게 지침을 제공하는데 있다.

나. 기밀서류 및 중요서류 등을 보관하는 사무실이 적절하게 방호 되도록 하고 폭발물, 무기 등 위해물품 반입 통제 및 공항출입자들의 불법행위가 예방되도록 순찰이 실시되어야 한다.

다. 순찰은 순찰 제 요소를 통합한 상호 교차 순찰을 통하여 취약지역을 최소화하여야 한다.

(2) 순찰요령

가. 순찰자 유의사항

1) 순찰근무자는 공항의 안전을 보장하기 위해 다음에 명시하는 행동절차와 근무수칙을 준수해야 한다.
2) 순찰근무자는 항상 복장을 단정히 하고 절도 있는 보행으로 보행하며 순찰은 정해진 구역에 따라 불규칙적(순찰코스, 순찰시간 등)으로 실시하고 그 목적 달성에 힘쓴다.
3) 정해진 시간에 순찰하고 이상한 소리, 냄새를 감지했다면 그 원인을 최후까지 밝혀내는 열의를 가져야 한다.
4) 순찰 전 준비사항 등을 철저히 확인하고 준비한다.

나. 순찰임무 수행

1) 순찰근무자는 순찰에 앞서 용모와 복장을 단정히 한다.
2) 순찰 전 필요한 장구를 점검 한다.(무전기, 가스 분사기 등)
3) 순찰근무자는 의연한 태도로 순찰을 시행하며 순찰구역 내의 불법행위나 부

당한 행위 그리고 장시간 방치된 물품을 목격 시에는 대테러상황실에 통보 후 제지하거나 적극적인 자세로 조치한다.

4) 순찰근무는 비노출 및 불규칙적인 순찰과 필요시 위해 요소 사전제거 및 범죄 예방을 위하여 노출근무를 실시한다.
5) 순찰지점으로 지정된 곳은 거의 취약점이 있는 장소이므로 안전 상태를 확인하며, 위해 물품 방치유무를 필히 점검하여야 한다. 또한 순찰결과를 반드시 기록 하여야 한다.
6) 순찰은 근무편성표에 명시된 시간과 장소에서 순찰근무를 실시하고 종료 후 각 순찰구역의 상태 등을 다음 순찰 근무자에게 인계한다.

순찰중인 경찰특공대원과 폭발물탐지견

다. 순찰근무 수칙

1) 지정된 순찰코스를 따라 책임구역을 순찰하되 상황 및 지휘계통의 지시에 의해 불규칙적인 순찰을 실시하며, 특이사항이 있어 순찰코스를 변경하고자 할 경우에는 지휘계통 및 대테러상황실에 보고하여 조치를 받는다.
2) 순찰구역 및 주변에 거동이 수상하거나 의심스러운 상황을 확인하고, 우발상

황 발생 시는 즉각 조치하고 보고한다.

3) 책임지역내 출입 인원들이 도움을 요청할 시 근무에 지장을 초래하지 않는 범위에서 도움을 준다.
4) 책임지역내 공공질서를 확인한다.
5) 검색완료지역의 제한사항 및 규정 등 일치하는가를 확인한다.
6) 불가피하게 가스분사기 사용 시는 용의자에게 심하게 신체적 손상을 주지 않고 일시적으로 무력화 할 때 사용한다.
7) 순찰 중 화재상황을 목격 시와 신고를 받은 경우에는 비치된 소방시설을 신속히 작동하여 우선적으로 초기 진화에 노력함과 동시에 보안상황실에 통보한다.
8) 순찰 중 타인과 대화를 금하며 안내를 요구할 때에는 근무에 지장이 없는 범위 내에서 친절하게 응해준다.
9) 근무 중 발견된 사항은 즉시 보안상황실로 보고하고 다음 근무조에게 인수인계 하고 근무일지에 기록 유지한다.
10) 근무 중 중점 관찰지역을 확인하고 근무한다.
11) 순찰근무자는 근무지역을 이탈할 수 없으며, 교대 시 특이한 사항은 후번 근무자에게 인계한다.
12) A/S지역 내 근무하는 순찰자는 모든 상주 직원들이 출입증을 패용하도록 지도하고 출입증이 없는 자는 보안상황실에 보고하여 조치를 받는다.
13) 임시출입증 및 방문증 패용자를 규정을 위반하며 정규출입증 패용자가 인솔하지 않을 시는 보안상황실에 통보하여 조치를 받는다.
14) 정규출입증을 소지한 공사 직원(항공보안부서) 또는 보안경비요원은 보호구역 출입통제와 관련하여 규정 위반 시 출입증을 즉시 회수할 수 있다.
15) A/S지역 내 근무하는 순찰자는 순찰구역 내 모든 탑승교문 등 보호구역 시건 상태를 확인하여 일지에 기록하고 이상이 있을 시는 보안상황실에 통보하여 조치한다.

라. 비상시 행동절차

1) 순찰 근무간 무전교신을 경청하여 항상 현 상황을 파악하고 있어야 하며 필

요 시 근무반장 / 조장, 보안상황실에 상황을 문의하여 상황을 파악하고 있어야 한다.

2) 비상상황발생 시 지역별 출입인원의 대피를 안내하고 질서를 유지한다.
3) 책임구역내 안전점검과 출입통제를 강화한다.
4) 사고 현장주변 근무자는 일반인의 사고현장 접근을 통제한다.
5) EOD, 대테러 특수요원 등 전문요원 도착 시 현장 사항을 인계한다.
6) 소방, 구급, 안전요원에 대한 신속한 통행을 보장한다.
7) 출입자에 의한 무력위협이 있을 경우, 방어하기 위해서 가스분사기 사용 등 적절한 무력을 사용하여 제압한다.
8) 화재경보가 발생 시 일반인의 접근을 통제하고 출입자를 안전한 장소로 대피할 수 있도록 안내한다.
9) 의아 물질 발견 시(폭발물 등)에는 적절한 조치를 취한다.

의심물품 발견 시 인근 승객을 대피절차를 수행

마. 정밀 집중순찰

1) 비행종료 후 집중 순찰은 비행이 종료되는 시간까지(변경가능) 공항 전 지역에 대하여 정밀순찰을 실시하여 책임구역 에 대한 취약요소와 보안문 정상작

동 유무 등을 확인하여야 하며 상황유지를 위하여 보고체계를 확립하여야 한다.

바. 간부순찰

1) 경비대 간부는 보안업무 관련규정 이행실태에 대한 확인점검과 경비 보안의 취약점 보강을 목적으로 순찰을 실시하며 간부 순찰 주기를 선정 / 시행한다.
2) 경비대 간부는 근무실태 점검 후 그 결과를 기록 유지하여야 한다.
3) 비상 시 혹은 기타 활동여건에 따라 순찰활동을 일시적으로 변경할 경우 즉각적으로 그 내용을 보안상황실에 통보 하여야 한다.

사. 무력 사용

1) 근무자의 무력사용은 아래와 같은 경우에만 사용한다.
   ① 근무자가 본인의 생명에 대한 위협 혹은 심각한 손상을 받을 우려가 있다고 판단되는 경우
   ② 폭발물에 의한 공항시설 파괴로 인해 생명에 대한 위협 및 신체적인 중대한 손실이 발생한 경우
   ③ 공격자의 탈주를 저지하기 위해 또는 본인 또는 제3자를 방어하기 위해 그리고 공격자가 무력을 즉각적으로 사용할 위협이 있을 경우
2) 가능한 가스분사기 등 무력을 사용하기 전에 정지 명령과 같은 경고가 주어져야 한다.

2. 5분대기조 운영

(1) 5분대기조 운영 목적

1) 초소 및 순찰 근무자가 통제하지 못하는 취약지역에 대한 임무를 보강하고 우발 사태 시 신속히 출동하여 사태를 초동 조치하는데 있다.
2) 공항 내부에 일어나는 모든 우발사태를 공항경찰대 및 국가 관련기관의 출동전까지 조기 출동하여 초동조치를 하고 관련기관에 인계하는데 있다.

(2) 편성 / 운용

1) 5분대기조는 각 반에 조장, 조원으로 편성되어 24시간 운영한다.
2) 운용
   ① 지휘는 주간에는 대장(부대장)이 야간에는 반장이 실시한다.
   ② 통신수단은 유 · 무선 전화기 사용 등 다양한 통신 체계를 이용한다.

현장출동 및 보안통제실시

(3) 복장 / 장비

1) 복장은 조끼를 착용한 상태에서 근무 및 대기를 하며 유사시 즉각 출동할 수 있는 근무복 착용 및 장비를 휴대한다.
2) 팀 장비 / 개인장비를 구비하여 항시 사용이 가능하도록 유지한다.

(4) 임무 수행

1) 평상시 순찰조로 편성되어 담당구역을 순찰하며 순찰요령은 순찰 근무수칙과 동일하다.
2) 비상시 행동절차
   ① 순찰 중 긴급 상황 발생 시 또는 출동지시가 있을 시 신속히 출동하여 최단시간에 현장에 도착한다.
   ② 현장도착 즉시 초동 조치 및 현장을 보존하고 보안상

현장 투입전 직무교육을 실시

황실에 통보한다.

③ 범법자 도주 시는 필요한 초소 및 순찰조 지원을 받아 도주로 차단 및 봉쇄 하며 접촉유지 및 경찰대 지원을 요청하고 필요 시 추적 및 체포 한다.

④ 관계기관의 요청 또는 여객터미널 질서유지를 위하여 필요한 경우 주요 요인에 대하여 경호지원을 한다. 이때 관계기관의 지시에 의거 지원한다.

⑤ 터미널 등 공항 내·외곽의 혼잡 발생 시 신속히 인접 순찰조에게 연락하여 지원을 요청하고 밀집인원에 따른 안전조치를 취한다.

(5) 5분대기조 교육

1) 5분대기조는 신속한 상황조치 및 초동조치를 위하여 항시 출동 가능한 상태 유지와 5분대기조 대원의 수준이 유지되어야 하며 이를 위하여 일반 경비요원과는 별도로 전문화 교육을 실시한다.
2) 교육시간은 모의 상황조치 훈련 시간이나 절차훈련 시간을 이용하되 필요시에는 월1회 실시하는 직무교육시간을 할애하여 별도 교육을 실시할 수 있다.
3) 5분대기조 전문화 교육 시에는 외부강사 또는 사내강사로 편성한다.

현장 직무교육 실시

제3절 항공보안 등급별 계획

1. 목 적

공항보안에 대한 위협 증대시 위협 수준별 단계적인 보안경비 강화방안을 수립하여 완벽한 공항보안을 수행하기 위함임.

2. 방 침

(1) 위협수준 단계별로 적절한 공항 보안경비 강화방안 수립

(2) 공항보안 유관기관과 긴밀한 협조 체계 유지

(3) 완벽한 공항보안 체제 유지

3. 항공보안 등급 단계 구분

(1) 항공보안 등급 단계

가. 항공보안 우발사태 등급은 항공보안 상황을 감안하여 평시(Green) · 관심(Blue) · 주의(Yellow) · 경계(Orange) · 심각(Red)단계로 구분한다.

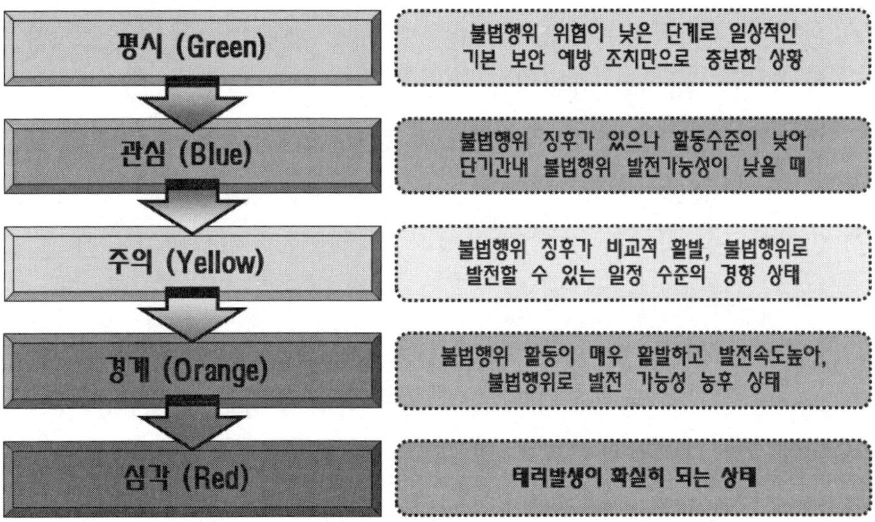

항공보안 우발등급 5단계

(2) 항공보안 등급이 부여되는 상황은 다음과 같다.

가. 평시 : 불법행위 위협이 낮은 단계로 일상적인 기본 보안예방조치만으로 충분한 상황

나. 관심 : 테러 징후가 있으나 그 활동 수준이 낮으며, 가까운 기간 내에 테러로 발전할 가능성도 비교적 낮은 상태로 다음 각 호의 경우에 발령

1) 민간항공에 대한 불법행위 가능성이 평시보다 높다고 판단될 때
2) 항공기, 공항시설 등의 민간항공에 대한 불확실한 위협 정보 접수 시
3) 전쟁, 지역간 분쟁 등으로 테러행위가 예상될 때
4) 시민 소요 등이 공항 부근에서 진행되는 경우
5) 민간항공을 공격할 능력이 있다고 알려진 테러리스트 집단 또는 적대 집단이 공항을 목표로 공격을 수행할 가능성이 있다는 경고를 접수한 경우

다. 주의 : 테러 징후가 비교적 활발하고 불법행위로 발전할 수 있는 일정수준의 경향성이 나타나는 상태로 다음 각 호의 경우에 발령한다.

항공보안 우발등급 표시판

1) 공항, 항공사 또는 승객에 대한 위협 정보가 있는 경우
2) 국내의 적대적인 요소를 자극함으로써, 시위를 유발하거나 국가의 상징물을 공격하는 정도의 정치적 긴장상태, 또는 민간항공에 영향을 줄 수 있는 시민 소요의 가능성이 있을 경우
3) 민간항공을 공격할 것으로 알려진 테러집단의 구성원이 국내에 입국 하였다는 정보가 입수된 경우
4) 항공기 납치 및 폭파위협 정보가 있거나 특정지역의 정치, 사회 정세가 다소 불안함으로서 항공기의 안전 운항에 어느 정도 위험이 있다고 판단되어 이에 대한 대책이 필요한 경우
5) 테러 위협지역에 군부대를 파견한 경우 일정기간 동안

6) 국빈 방문 등 VIP 행사, 올림픽 등과 같은 국가행사 등 기타 테러행위에 대비한 엄격한 규제가 필요할 때

7) 경미한 항공기 사고라 함은 항공기 사고로 인하여 사망자나 중상자가 발생하지 아니하고 항공기 또는 제3자의 재산피해가 10억원 미만의 사고

라. 경계 : 테러 활동이 매우 활발하고 전개속도, 경향성 등이 현저한 수준으로서 불법행위로 발전 가능성이 농후한 상태로 다음 각 호의 경우에 발령한다.

1) 테러에 대한 비교적 신빙성 있는 정보가 접수되어 대책이 필요한 경우

2) 국제적인 테러리스트조직이 우리나라의 민간항공을 공격할 것이라는 계획이 믿을 만한 정보기관 등에 의해 확인된 경우

3) 국제공항 운영에 관해 잘 알고 있는 사람이 관련된 노사분쟁 또는 학생 소요가 진행 중이며 이에 따른 위협이 가해진 경우

4) 국제전쟁 등이 발생하여 민간항공에 심각 영향을 미칠 경우

5) 항공기가 실제로 납치 및 파괴위험에 직면하여 있거나 특정지역의 정치, 사회 정세가 극히 불안함으로서 항공기 안전운항에 위험이 있어 이에 대한 구체적인 대책이 필요한 경우

6) 기타 민간항공의 안전에 영향을 미치는 중요 사태 발생시

마. 심각 : 테러 활동이 매우 활발하고 전개속도, 경향성 등이 심각한 수준으로서 불법행위 발생이 확실시 되는 상태로 다음 각 호의 경우에 발령한다.

1) 민간항공에 대한 불법행위가 발생하였거나, 발생이 임박한 경우

2) 국빈이나 VIP등 방문객이 한국 방문 시 그들에 대한 테러가능성이 높을 때

3) 항공기 테러에 대한 구체적이고 신빙성 있는 정보가 접수되어 대책이 필요한 경우

4) 항공사, 항공기, 공항시설에 대한 위협이 확실한 경우

(3) 시스템 운영 개념

가. 공항안전(Safely), 보안경비(Security), 비상(Emergency), 위기관리(Crisis Management) 등의 기능이 결합된 시스템 운영을 기본으로 한다.

나. 공항 내 화재발생, 교통 및 운송시설 이용 시의 각종 안전사고, 외부 불순·

적대 세력으로 부터의 침투 파괴행위, 항공기 납치, 폭파, 테러 등 수많은 위험요인으로부터의 위기상황에 신속히 대처해야 한다.

다. 위의 위기상황에 대응하기 위하여 24시간 CCTV 모니터링과 현장상황을 파악하여 신속한 정보 수집, 적시적인 상황판단을 통하여 피해 복구 및 인명구조를 위한 구난체제의 조속한 가동 지원, 사고수습 및 체계적인 상황처리 등과 관련하여 공항 내 관계기관 / 부서에게 신속한 상황접수, 전파 처리를 해야 한다.

라. 시스템 장애(경보) 발생 시 유지보수업체에 통보해 조치하고 유지보수업체는 발견 즉시 조치하고 발생된 장애가 공항운영에 미치는 영향을 검토하여 중요 장애로 판단되면 현장에 경비요원을 출동하여 경계를 강화할 것을 지시한다.

Chap.

5 우발상황 대응방안

제5장 우발상황 대응방안

제1절 항공보안 우발계획

1. 우발계획 개요

(1) 불법방해행위 정의

ICAO 부속서 17 (항공보안) 제5장 불법방해행위 대응에 대한 관리에서 체약국은 항공기가 불법방해행위에 처해 있다는 믿을만한 정보가 입수되었을 경우, 지상에 있는 경우라면, 항공기 보호를 위한 대책을 수립해야 한다. 항공기가 이미 출발하였다면, ATC와 관련 기관에 항공기 도착에 관한 많은 사전 정보를 제공하기 위한 대책을 수립해야 한다.

항공기가 불법 방해 행위에 처해 있다는 믿을 만한 정보가 있다면 항공기에 대하여 숨겨진 무기, 폭발물, 다른 위협장치, 물체 및 물질 등에 대한 검색을 실시하여야 한다. 이 검색 사실을 사전에 항공사에 통보해야 하며 공항에서의 안전, 위험한 도구 및 잠재 위험의 처리에 대한 조사를 하기 위하여 조치를 취하여야 한다.

불법방해행위에 대해서 민간 항공을 방어하기 위해서 우발계획을 개발하고 필요 자원을 확보하도록 해야 하며 우발계획은 정기적으로 테스트를 실시하여야 한다.

민간항공에 대한 불법행위의 의심, 발생 등의 경우에 지원을 하기 위한 적절히 교육받고 허가 받은 인원이 민간항공이 운항하는 공항에 배치되도록 하여야 한다.

(2) 우발계획 정의

ICAO 항공보안지침서에서 정한 “우발계획” 정의는 여러가지 협박수준과 위험도 평가, 관련 보안조치들이 실행되도록 조치와 절차들을 포함하는 사전에 대책계획으로 실제 불법방해행위가 일어났을 때 관련 부서들이 각 역할과 책임을 맡을 수 있도록 준비하며 사건을 최소화시키고 미리 예견할 수 있도록 하는 계획이며, 우발계획은 위협이 증가할수록 더욱 강화되는 보안조치이며 위기 대응계획에 포함되거나 독립적인 계획일 수도 있다고 한다.

(3) 우발계획 수립시 고려사항

항공기 관련 불법방해행위에 대한 우발계획은 다음의 요소들을 고려해야 한다.

가. 지상은 불법방해행위의 위협이 있는 항공기에는 가장 안전한 장소임

나. 가장 우선적인 목표는 범법자들을 체포하고 처벌하며 항공기를 보호하는 것이 아니라 승객과 승무원을 항공기에서 안전하게 대피시키는 것임

다. 항공기의 손상을 입혔거나 불법방해행위를 저지른 범법자들로 인해 승객이 부상을 당하지 않도록 효과적인 대응이 이루어져야 함

라. 모든 협상 가능성들이 되고 결정자들이 보았을 때 교섭과정에 발전이 없다고 느껴지기 전까지는 무력이 아닌 협상을 해야 함

마. 범법자와의 협상은 꼭 제대로 훈련을 받은 협상분야 전문가에 의해 이루어져야 함. 승객이나 승무원이 부상을 당하지 않고 항공기에도 손상이 없는 것은 사건이 성공적으로 종결되었다는 것임

바. 일반적으로 범법자들이 요구한 사항에 대하여 결정을 내리는 위치에 있는 사람들은 고위관련 책임기관에 범죄자들의 요구에 대해서 알리지 않은 체 범법자들과 직접적인 협상을 해서는 안되며 범죄자의 요구에 대한 결정을 내리는 사람들은 비상상황운영센터나 기타 지휘부서에 없는 편이 좋음

사. 항공기와 협상자 사이의 안정적인 통신채널을 보장하는 절차와 장비가 있어야 함

아. 정상공항운영에 최소한 방해를 주지 않기 위해서 항공기는 가능하면 고립된 주기공간에 주기되어야 함

(4) ICAO에서 정한 우발계획 수립방안

위기관리계획 보안 설명서의 일부로서 긴급상황 설명서와 우발계획은 각 공항에서 국가적인 수준으로 개발되어야 하며, 공항 우발계획이 지상에서 일어나는 사건에 더욱 초점을 맞추는 반면에 국가 우발사고 계획은 상공에서 일어나는 항공기 사건에

더욱 초점을 맞춥니다. 이 설명서들은 적어도 아래의 사항들을 다루어야 한다.

가. 위협 후에 승객과 가방, 화물, 우편 그리고 저장품들을 재 검색하는 조치

나. 항공기 불법억류나 항공기의 파괴행위에 대해 취해져야 하는 조치

다. 공항에서의 불법공격행위에 대해 취해져야 하는 조치

라. 이러한 행위에 대한 위협

마. 공항이나 기내에 있는 수상한 폭발장치나 다른 잠재적 위험물품에 대한 조사

바. 이러한 물품들은 제거하는 절차를 포함한 우발사고 계획

항공보안사건에 대한 공항 우발계획은 공항에서 일어나는 긴급상황에 대처하기 위해 만들어진 긴급상황 계획과 동일한 방법으로 수립되어야 하며 국가 우발계획은 긴급상황계획과 같은 형식을 지녀야 하지만 공중에서 일어나는 긴급상황이나 사건에 더욱 초점을 맞추어야 한다.

이러한 목표를 달성하기 위해서는 공항 우발사고 계획과 국가 우발사고 계획이 쉽게 이해될 수 있도록 만들어져야 하며 아래와 같은 요소들을 포함해야 한다.

가. 시행중인 정책

나. 선택 가능한 옵션들

다. 실행될 조치들

라. 이용 가능한 자원(가용인력 등)

마. 의무

바. 결정 과정, 관련 책임기관과의 연결관계, 관련 책임기관 대표

국가 우발계획은 국가와 국가의 상공에서 벌어진 대형 사고나 긴급상황을 해결하는데 관여된 모든 국가기관과 관련 책임기관과 협력하며 각 국가공항과 지역의 잠재력과 자원 그리고 능력 등이 고려되어 개발되어야 한다.

공항 우발계획은 국가기관과 공항 그리고 지역간 조정된 프로그램이 되어야 하며 공항에서 일어난 대형 보안 긴급상황을 처리하기 위해 필요한 계획과 절차들이 주변 공동체에 타격을 줄 수 있는 다른 종류의 긴급상황과 비슷하기 때문에 프로그램이 조정되어야 한다.

공항 우발계획은 긴급상황에 대응할 때 도움이 될 수 있는 공항 내외부에 있는 모

든 기관들의 대응과 참여에 대해 자세히 명시해야 하며 각 대응기관들이 맡은 임무를 구체적으로 정해야 한다.

가. 정부기관
나. 경찰
다. 공항당국
라. 항공교통서비스
마. 항공사
바. 군
사. 의료서비스
아. 구조와 소방
자. 병원

생화학테러 발생을 가상한 훈련

공항/관할지역은 정치적, 관할적, 기관적 특성 때문에 각자 필요한 사항과 특성이 다르지만 보안 긴급상황 계획의 기본적인 개념은 항상 같아야 하며 이를 해결하기 위한 가장 중요한 것은 '지휘, 통제, 통신'이다.

공항에서 우발계획을 만드는 것은 아주 중요하며. 다음의 원칙이 적용되어야 한다.

가. 우발계획 수립, 목표와 팀의 정의와 상세한 계획

나. 공항의 강점과 취약점을 고려하여 잠재적인 위험 확인. 그리고 지역적, 국가적 환경과 국가 정책

다. 조치와 대응의 개발

라. 필요한 조치의 실행과 효과적인 대응을 위한 인재

우발계획을 준비하기 전에, 공항의 배치와 시설에 대한 정보를 얻기 위해 철저한 평가를 실시하는 것이 중요하며, 이러한 조사는 공항의 취약점과 공항 안팎의 이용 가능한 지원시스템, 직원들을 대피시킬 때 필요하며 터미널에서 항공기를 우회시킬 때 필요한 시설, 경찰 편의시설의 유무, 투광조명, 공항에서의 통신과 출입점 등을 포함해야 한다. 예비조사를 통해 불법 억류 항공기가 위치 할 수 있는 가장 유리한 장소를 확인하고 연구를 해야 한다.

공항의 최신 지도, 공항 설계도와 사진, 공항의 주변환경과 대형 항공사가 가장 자주 사용하는 주요 종류의 항공기와 공항의 축적모형은 계획과 훈련에 있어서 매우 중요한 보조기구들이다. 가능하면 대응에 관계가 있는 관할군은 지역시설에 적응을 하기 위해서 사전에 대비하고 훈련을 받아야 한다.

(5) 우발계획 훈련

우발계획은 취약점을 확인하고 실제 긴급상황의 안전한 해결을 위해 필요한 변경사항들을 확인하기 위해서 정기적으로 훈련하여야 하며, 사건이 일어났을 때 사용되는 모든 통신장비의 호환성과 신뢰성에 특별히 유의해야 한다.

2년마다 실시되는 종합적인 우발계획에 대한 대규모의 실제연습에 더하여 테스트와 검사, 평가, 우발계획의 다양한 부분에 대한 점검 이외의 소규모 연습들은 국가항공보안 수준관리계획에 명시된 것과 같이 적어도 매년 정기적으로 실시되어야 한다.

훈련과 테스트, 점검, 조사 결과는 보안과 공항관련 책임기관에 보고되어야 하며, 보안과 공항관련 책임기관은 항공사, 보안관련 책임기관과 긴밀한 협의를 통해 보안 조치와 절차에 대해 재 가를 하며 취약점을 보완할 수 있는 조치를 취해야 한다. 승

객과 휴대물품, 화물, 우편, 저장품들을 보안검색하는 절차에 변경사항이 필요하다면 공항보안위원회와 보안관련 책임기관과 회의를 거쳐서 정해야 하며 관련기관 및 업체에 통보해야 한다.

상황별 테러발생을 가상한 훈련

2. 우발계획 수립

(1) 항공보안법 제31조에서 국토교통부장관은 민간항공에 대한 불법방해행위에 신속하게 대응하기 위하여 국가항공보안 우발계획을 수립·시행하여야 하며 공항운영자 등은 국가항공보안 우발계획에 따라 자체 우발계획을 수립·시행하여야 한다.

(2) 국가항공보안 우발계획 목적은 공항 또는 민간 항공기를 대상으로 일어나는 불법방해행위로부터 인명과 재산을 보호하고 민간항공 운영의 신속한 정상화를 위하여 위협사태 유형별 대응체계수립 및 관련기관 임무 등 행위에 대응하기 위함이며 대외비 보안문서로 관리된다.

(3) 공항운영자 등은 자체 우발계획을 수립 또는 변경하는 경우에는 국토교통부장관의 승인을 받아야 한다. 다만, 국토교통부령으로 정하는 경미한 사항을 변경하는 경우에는 그러하지 아니하다.

(4) 항공보안법 시행규칙 제18조에서 항공보안법 제31조제1항에 따른 우발계획에는 다음 각 호의 사항이 포함되어야 한다.

가. 시행령 제2조제2항제1호에 따른 행정기관의 역할

나. 항공보안등급 발령 및 등급별 조치사항

다. 불법방해행위 대응에 관한 기본대책

라. 불법방해행위 유형별 대응대책

마. 위협평가 및 위험관리에 관한 사항

바. 그 밖에 항공보안에 관하여 필요한 사항

(5) 공항운영자 등이 법 제31조제2항에 따라 수립하는 자체 우발계획에는 다음 각 호의 구분에 따른 사항이 포함되어야 한다.

가. 공항운영자의 자체 우발계획

1) 행정기관의 역할

2) 공항시설 위협시의 대응대책

3) 항공기 납치시의 대응대책

4) 폭발물 또는 생화학무기 위협시의 대응대책

나. 항공운송사업자의 자체 우발계획

1) 공항시설 위협시의 대응대책

2) 항공기납치 방지대책

3) 폭발물 또는 생화학무기 위협시의 대응대책

다. 항공기취급업체 · 항공기정비업체 · 공항상주업체(보호구역 안에 있는 업체만 해당), 항공여객 · 화물터미널 운영자, 도심공항터미널을 경영하는 자의 자체 우발계획

1) 공항시설 위협시의 대응대책

2) 폭발물 또는 생화학무기 위협시의 대응대책

2. 우발계획 승인

(1) 항공보안법 시행규칙 제18조의2에서 국토교통부장관 또는 지방항공청장은 법 제31조제3항 본문에 따라 자체 우발계획을 승인하려는 경우에는 다음 각 호의 사항을 검토하여야 한다.

가. 우발계획과의 적합성

나. 법 제3조에 따른 국제협약 및 「국제민간항공협약」 부속서 17 등과의 적합성

(2) 법 제31조제3항 단서에서 "국토교통부령으로 정하는 경미한 사항"이란 다음 각 호의 사항을 말한다.

가. 기관 운영에 관한 일반현황의 변경

나. 기관 및 부서의 명칭 변경

다. 항공보안에 관한 법령, 고시 및 지침 등의 변경사항 반영

(3) 공항운영자등은 자체 우발계획을 법 제10조제2항에 따른 자체 보안계획에 포함하여 국토교통부장관의 승인을 받을 수 있다.

(4) 항공보안 우발사태 경보등급은 항공보안 상황에 따라 평시(Green) · 관심(Blue) · 주의(Yellow) · 경계(Orange) · 심각(Red) 등 5단계로 구분되며 다음 표와 같다.

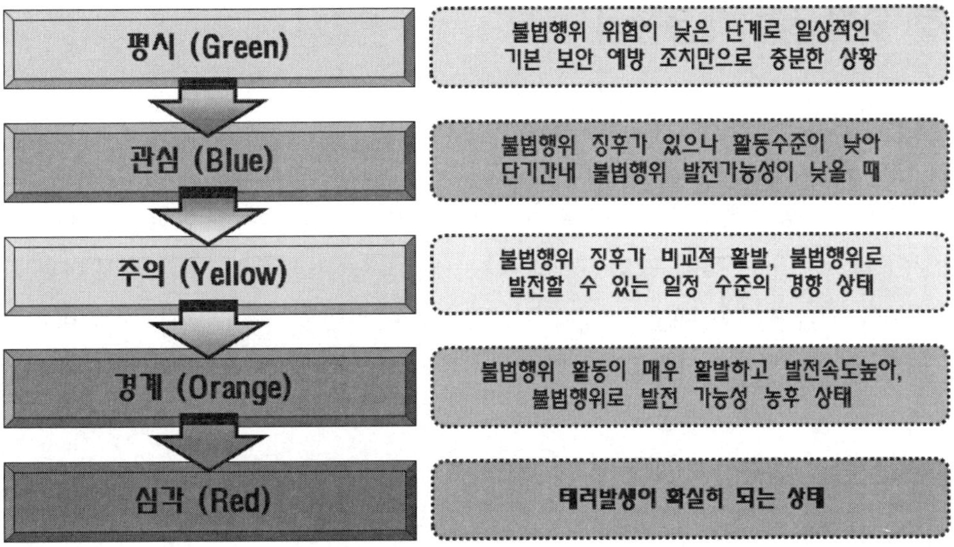

항공보안 우발등급 5단계

제2절 우발상황 대응절차

1. 정의

우발상황이란 정상적인 근무 이외의 돌발 상황이며 공항의 안전을 위협하는 최초의 상황이 될 수도 있으며, 출입인원의 안전 및 공항 시설물에 대한 위해행위, 출입인원에 대한 의료조치가 필요한 사태, 공항지역 입주업체 관련사항, 각종 범죄 행위 등이 이에 포함될 수 있다.

(1) 긴급사태 범위

가. 무장간첩 출현사건
나. 무장 탈영병 공항잠입 및 인질난동 사건
다. 항공기 납치, 추락, 비상착륙 사고
라. 중대한 화재사고
마. 대형 안전사고
바. 천재지변으로 인한 대형 재해사고
사. 집단살인(연쇄살인 등), 집단탈주 사건
아. 대형 교통사고(3명 이상 사망 또는 20명 이상 부상)
자. 총기 피탈 및 도난사고 - 공항 특수경비원 보유무기 등
차. 집단시위로 인한 공항피습, 공항시설 점거상황
카. 출·입국 주요인사(외국인 포함) 납치 및 피습 사건
타. 기타 사회 이목을 집중할 만한 사건

(2) 긴급사태 발생 시 공통조치 요령은 다음과 같다.

가. 1단계(초동 조치) 상황 접수·전파 및 출동

1) 최초에 상황을 인지한 자

① 무선 또는 유선으로 경찰상황실 및 대테러상황실 통보(사건종별, 발생일시, 장소, 사건개요)

② 우선 파악된 대로 보고하고, 시간적 여유가 있을 때 세부사항 파악, 사태변

화 내용 계속적 추적

③ 범인검거 등 초동조치 실행

㉠ 현장 범인검거, 부상자 구호조치, 피난유도, 현장보존 및 기타 안전조치 등

④ 인접 근무자에게 통보 협조 요청

⑤ 교통통제

2) 공항경찰대

① 상황접수 및 보고(주무과장, 공항경찰대장)

② 관계기관 전파

③ 112 순찰차 긴급 출동 지령

④ 기동타격대 출동 및 후속 경력 출동

⑤ 필요 시 특공대 출동 요청

⑥ 보안검색 감독 강화

⑦ 긴급 현장 상황반 및 종합상황반 운용

3) 공항운영자

① 상황접수 및 관계기관 전파

② 공항경찰대 기동타격대 등 병력 도착 시까지 현장보존 및 초동조치

③ 공항경찰대 경력 도착 후, 경찰 지원 활동

※ 내. 외곽특경대 기동타격대 긴급출동 초동조치 및 주변통제

나. 2단계(현장 조치)

1) 공항경찰대

① 사고발생 직후의 상황 체증, 증거 확보

② 긴급현장 상황반 기능별 업무 수행

③ 사고 현장 주변 안전조치 및 교통 통제

④ Police Line 설치

⑤ 후속 돌발사태 대비 경비 활동(기동대, 전경대등)

⑥ 현장보존(가능한 광범위한 경계선으로 출입 통제)

⑦ 목격자, 참고인 등 사건사고 관계자 신병 확보

⑧ 사상자 구호조치 : 부상자수, 사망자수, 후송병원 등 파악

2) 공항운영자

① 관계기관 통보

② 사고발생 직후의 상황 체증, 증거 확보

③ 사고현장 주변 안전조치 및 교통통제 조치

④ 후속돌발사태 대비 보안경비 활동 강화 등 공항경찰대와 긴밀한 협조체제 유지

※ 특경대 기동타격대 긴급출동 초동조치 및 주변통제 실시

다. 3단계(사후처리 단계)

1) 공항경찰대

① 테러범 수사

② 인적(부상, 사망자 등) · 물적 피해 처리

㉠ 사망자 유가족 통보

㉡ 부상자 치료 및 가족 통보

③ 석방된 인질 조사 및 신병 처리

④ 사건 관련 여론 수립

㉠ 국내 각계 각층 인사

㉡ 외신 및 외국 간행물

㉢ 주한 외국공관 · 기관

⑤ 상황 종합 보고

2) 공항운영자

① 중요시설 경계 강화

② 사건현장의 최종안전 확보

③ 사후 대비책 강구 등

2. 우발사태로 발생 가능한 상황을 예상하여 대응 준비

(1) 화재발생시

가. 화재대피 유도방법

화재대피 훈련

1) 출입 인원에 대하여 당황하지 말고 침착하게 행동하도록 유도
2) 출입 인원에게 연기 속을 지날 때는 손수건을 코와 입에 대고 낮은 자세로 벽을 따라 이동하도록 안내
3) 불타고 있는 곳과 바람방향을 판단, 피난지역을 결정
4) 출입 인원에게 비상구나 피난에 용이한 출구를 확인
5) 평소 비상계단 위치 등을 숙지 유사시 승객 대피에 활용

나. 인명구조 방법

1) 임무 수행 중 부상자 발견 즉시 의료요원에게 안내
2) 고열, 유독가스 발생 시는 함부로 행동치 말고 창문 등을 부수고 공기를 소통
3) 출입인원이 질식사하지 않도록 막다른 계단, E/V하부, 화장실 등에 중점을 두고 인원을 색출
4) 보안경비요원은 구조 활동 시 가급적 2명 1개조로 활동

다. 화재 발생지역 통제

1) 현장에 승객 및 인원이 없도록 안전지역으로 대피
2) 공항직원 인솔 소방요원 및 의료요원 등의 신속한 통행을 보장
3) 화재발생지역 물품에 대한 도난 방지를 위한 감시활동
4) 화재와 관계없는 인원의 접근은 엄격히 차단

라. 특수경비대

1) 최우선으로 대테러상황실에 신고(화재규모 및 상황불문)
2) 인접지역 상황전파 및 지휘계통에 상황을 보고
3) 화재 발생지역에 화재규모와 상황에 따른 적절한 보안경비요원을 증원
4) 혼잡상황으로 인한 공항 위해행위에 대한 사전 경고 및 근무자를 통제
5) 화재지역 차단을 위한 지점별 보안경비요원을 추가 배치
6) 화재발생 근처의 순찰근무자에게 획득 가능 소화기를 휴대하여 화재발생지역 이동을 지시

(2) 강력 사건(강도, 강도 상해 등) 발생시

가. 발견 또는 신고접수 즉시 대테러상황실에 통보
나. 특경대는 기동타격대 및 순찰조를 출동
다. 기동타격대(순찰조)는 범죄자와 접촉을 유지
라. 범인이 도주를 하고자 할 때에는 순찰조 및 초소 근무자와 합동조사하여 도주로를 차단
마. 피해자중 부상자가 있을 경우 응급구호 조치를 한다. 피해자를 응급 후송하는 경우 최대한 피해자의 인적사항 및 피해상황, 피의자 인적사항(용모, 복장 등) 파악, 기록
바. 범죄현장 보존(범죄현장 주변 약 3미터 이내 접근금지) 조치(경찰관 이외의 자가 현장을 둘러보거나, 현장에 유기된 물건에 손을 대는 행위는 절대 금지)
사. 범죄 현장 주변 사람들을 상대로 목격자가 있는지 여부를 확인
아. 경찰관 도착 시 경찰관에게 이전 상황에 대하여 설명
자. 경찰관의 요구가 있을 경우 업무지원
차. 근무 일지에 기록 유지 및 대테러상황실에 통보

(3) 변사사건(사망사고, 살인사건) 발생시

가. 발견 또는 신고접수 즉시 대테러상황실에 통보
나. 특경대는 기동타격대 및 순찰조를 출동

다. 경찰관이 현장에 도착할 때까지 사체를 보존(사체에 손을 대거나, 위치를 변동하는 행위는 금지)

라. 목격자 또는 최초 신고자 인적사항 및 연락처를 파악(목격자 또는 최초 신고자가 동의하는 경우 신변확보)

마. 경찰관 도착 즉시 이전 상황에 대하여 설명

바. 경찰관의 요구가 있을 경우 업무를 지원

사. 근무 일지에 기록 유지 및 대테러상황실에 통보

(4) 절도사건(소매치기, 금품도난 등) 발생시

가. 발견 또는 신고 접수 즉시 대테러상황실에 통보

나. 우선 신고 접수 근무자 또는 목격 근무자에 의한 추적을 실시

다. 예상 도주로 차단을 위하여 기동타격대 및 순찰조에게 차단 및 봉쇄를 지시

라. 범죄현장 보존(범죄현장에 유기된 물건에 손을 대는 행위는 절대 금지)

마. 범죄현장 주변 사람들을 상대로 목격자가 있는지 여부를 확인

바. 경찰관 도착 즉시 이전 상황에 대하여 설명

사. 경찰관의 요구가 있을 경우 업무를 지원

아. 근무 일지에 기록 유지 및 대테러상황실에 통보

(5) 긴급 의료 환자 발생시

가. 긴급 의료 환자란 임산부의 진통시작, 간질환자 발작, 정신질환자로 판명된 인원, 당뇨병 환자 등 의료조치가 필요한 출입인원에 대하여 근무자가 신속히 순찰자를 호출, 공항 진료시설로 후송하는 절차

나. 긴급의료 환자 의료 센타 응급실 인계 시 조치사항

1) 환자의 상태파악

① 의식이 있는 환자는 이야기를 걸고 부축 또는 안내를 하여 최기 병원까지 인솔

② 근무자는 걷지 못하는 환자는 현장에 보호하고 구급대요원이나 의료 센타 의사가 출동할 때까지 대기

③ 상처, 출혈, 골절, 타박상 등의 환자를 걸을 수 있는가를 확인하여 걸을

수 있는 환자는 최기 병원까지 안내

④ 임산부일 경우 보호자가 있는지를 확인하여 보호자가 업도록 하여 최기 병원까지 안내하고 만약 보호자가 업을 수 없는 상황이면 보호자에게 양해를 얻어 등으로 업어서 병원에 인계

2) 환자에게 격려와 안정을 취할 수 있는 다정한 언어와 가까운 곳에 병원이 있다는 사실을 알려줘 안정시킨다.

다. 보고는 6하 원칙에 의해 실시하고 후속조치 상황들을 추가하여 보고

(6) 시설점거 소요 발생시(집회)

가. 특경대 지휘부

1) 인접지역에 상황전파 및 대테러상황실에 즉각 통보

2) 특경대는 기동타격대 및 순찰조를 유사시 투입할 준비

3) 특경대는 기동타격대 및 순찰조 출동에 소요주변지역을 차단 및 봉쇄하는 조치를 취한다.

4) 필요 시 특경대 기동타격대는 소요 주동자에게 접근 대화를 유도, 단체행동의 이유 등 첩보를 수집 대테러상황실에 통보

5) 공항경찰대장의 명령 없이 소요발생과 관련된 진압을 하여서는 안 되며, 필요한 첩보를 최대한 수집/제공

나. 보안경비요원

1) 대테러상황실에 즉각 통보

2) 대테러상황실의 통제에 의해 소요발생지역 확대방지를 필요 시 통제선을 설치

3) 시위대와의 무력충돌을 절대 방지하기 위하여 시위대와의 접근을 자제하고 상황의 변동에 대하여 대테러상황실에 통보

4) 보안경비요원은 현장 상황이 급박하여 임무수행이 불가능하다고 판단 될 시 즉각 대테러상황실에 소요지역 출입초소 폐쇄를 건의

5) 기동타격대 및 순찰조 그리고 출입초소 근무자는 여객터미널 시설물 파괴방지를 위하여 필요한 범위 내 보안요원추가 지원

(7) 혼잡으로 인한 질서유지 곤란시

가. 인접지역 상황전파 및 대테러상황실에 통보
나. 출동 가능한 보안경비요원을 동원, 질서유지에 최우선의 노력을 경주
다. 여객터미널 지역 외곽 출입문을 통제 터미널 내로 추가 진입 인원이 최소화 되도록 출입인원을 통제하는 조치
라. 군중밀집에 의한 안전사고 예방(압사 등) 활동을 한다. 필요 시 통제 라인을 설치하고 근무자를 배치하여 접근을 통제

(8) 밀입국 사범 적발시

가. 외국인 입국 시 유효한 여권 또는 선원수첩과 법무부장관이 발급한 사증 소지
나. 처리 요령
1) 밀입국자 색출 요령
① 공항 내 공사장 등 건설현장 근로자에 대한 수시 점검 및 영세 중소기업 요식업소 등 종사자에 대한 밀입국자 고용유무를 확인
② 공항 여객 터미널, 취약지 등에서 의심스러운 집단 이동자 집단 배회 확인
③ 버스나 봉고 승합차 등에 창문을 가리고 있거나 많은 승객이 타고 있거나 운전자에게 행선지나 적재물을 물었을 때 당황하는 자를 확인
④ 내국인과는 다른 언행, 용모, 풍습을 가지고 있는 자 확인 및 색출
2) 발견 시 조치요령
① 경찰 또는 출입국관리소에 신병인계 및 통보
② 경찰, 법무부, 국정원, 기무사 등 관계기관 합동으로 신문 실시하여 밀입경로, 알선조직 연계, 대공혐의점 등에 관하여 구체적으로 확인
③ 신문결과 대공 혐의점이 없으면, 즉시 관계기관에 신병을 인계하고 신병인계서를 징구한다.
④ 밀입국자 중 북한 국적 공민증 소지자가 한국에 체류 희망 시에는 대테러상황실에 통보하고, 지시에 따름

(9) 밀항 사범 적발시

가. 밀항사범의 근절과 국가위신 실추를 방지하고 불순분자의 침투 가능성을 배제하여 안보위해 요소의 국내침투를 색출하고 이를 저지

나. 발견 시 조치사항

1) 공항 내에서 밀항사범 발견 시 신속히 대테러상황실에 통보

2) 기동타격대(순찰조) 또는 경찰관에게 신속히 연락하고 체포 및 신병 확보하여 공항경찰대(외사과) 임의동행 조사 처리

3) 근무일지에 기록유지 및 대테러상황실에 통보

(10) 총포, 화약류 단속법 위반 사례 적발시

가. 항공기 납치에 사용될 수 있는 총포, 도검, 화약류 등, 위험물 발견 시 대테러상황실에 통보

나. 총포, 도검, 화약류 등을 허가 없이 소지, 운반, 양여, 사용하는 경우는 기동타격대 등 순찰조를 출동하여 범인의 신병을 확보하고 위험발생을 방지

다. 공항경찰대(외사과)에서 출동한 경찰관에게 인계하여 조치

라. 근무일지에 기록유지 및 대테러상황실에 통보

(11) 마약류 단속법 위반사례 적발시

가. 마약류 단속범 위반사범 발견 시 대테러상황실에 통보

나. 현장에 출동한 경찰관이나 세관에게 마약류 단속범을 인계

다. 근무일지에 기록유지 및 대테러상황실에 통보

(12) 유 · 무선 통신 두절시

가. 유선두절 시 대체 통신수단(초소 전화기 불통 시)

나. TRS

다. 인접해있는 인터폰이나 비상전화

라. 휴대폰

마. 순찰조에 의한 구두 전파

바. 무선두절 시 대체통신 수단(TRS 불통 시)
  1) 초소근무자: 전화기, 휴대폰, 인접해있는 인터폰. 비상전화
  2) 순찰근무자: 휴대폰, 인접해있는 인터폰이나 비상전화

(13) 포격 등 적 도발시

가. 피해상황과 진행사항 등을 파악하여 대테러상황실에 통보
나. 대피동선에 의한 승객 및 상주직원을 안전한 곳으로 대피지원 및 대피 간 질서유지 조치
다. 경계선상의 ACS 및 보안문 개방 시 순찰조를 투입하여 상황 발생 및 초기 혼란한 틈을 이용한 비 인가자의 보호구역 출입통제
라. 경찰대에서 요청하는 사항에 대한 조치와 사건현장에 대한 출입통제와 원점 보존 조치 등 경찰대 협조사항 적극이행
마. 군, 경. 소방 사건 및 사고 조사 시 요청업무 지원
바. 기타 조치사항을 근무일지에 기록유지 및 대테러상황실에 통보

(14) 초소 무단진입 상황 발생시

가. 무단 진입자 발생 시 최초 먼저 발견한 인원은 최우선적으로 경보를 전파하며 추격하여 보호구역으로 진입을 제지
나. 인접 근무자는 즉시 보호구역으로 인원출입을 통제하기 위해서 탠스베리어를 설치하며 신속히 대테러상황실에 상황을 통보하며 상황 종료 시까지 보호구역으로 인원출입을 금지
다. 인접근무자는 전근무자를 후속하며 함께 협조 무단진입자의 신병 확보
라. 기동타격대 등 추가 인원이 도착 시 초동조치한 근무자는 신병을 인계하고 본래의 근무지로 복귀하여 정상적으로 초소운용
마. 공항경찰대 또는 합동조사반이 현장에 도착 시 신병을 인계하며 협조 사항을 적극 이행
바. 근무일지에 기록유지 및 대테러상황실에 통보

제3절 상황별 대응절차

1. 상황별 대응절차 개요

(1) 목적

공항 내 · 외곽지역의 항공기 및 시설을 각종 위해요소로부터 효율적으로 보호하기 위한 각종 모델상황을 상정하여 행동절차를 제공하여 훈련하고 대비하는데 있다.

(2) 범위

공항 내 · 외곽지역을 대상으로 테러를 대비하여 주기적인 훈련을 할 수 있도록 경비요원의 경비보안업무 수행훈련지침과 행동절차로 작성하였다.

(3) 적용

대테러임무를 수행하는 경비요원, 보안상황실과 관련 기관 등에 적용한다.

기동타격대 모의훈련

(4) 훈련

가. 훈련

훈련은 경비요원과 보안상황실이 합동 훈련을 실시하고 결과에 대해 성과분석을 하여 기록유지 하며 차기 훈련 시 개선사항을 반영한다.

나. 훈련시기

1) 야간 위주 훈련을 실시한다.
2) 평시에는 2일에 1개 모델을 가지고 훈련을 실시한다.
3) 경계 강화 시는 협력사 내부방침에 따라 유동적으로 시행 할 수 있다.

다. 훈련 과제

1) 훈련과제는 52개 모델로 테러 가능한 상황을 구성
2) 각 모델은 전지역 특경대와 연계되어 훈련할 수 있다.

2. 주기된 항공기내 폭발물 위협신고 접수 시

공항에 주기중인 항공기

(1) 상황발생 전파 및 조치

가. 관련기관

국가정보원, 서울지방항공청, 국토교통부, 공항경찰단, 출입국외국인청, 세관, 국사안보지원사령부 등 관련 기관에 핫라인 또는 유·무선 통신장비를 이용해서 즉시 전파한다.

나. 협조부서

공항 EOD(폭발물처리반), 통합운영센터, 보안상황실, 특경대, 항공사, 공항소방대 등에 유·무선 통신장비를 이용해서 전파하고 신속하게 필요한 협조를 받는다.

다. 상황조치

세부절차는 항공보안법, 국가항공보안계획, 공항보안우발계획, 자체비상계획, 매뉴얼 등을 근거로 하여 처리한다.

1) 보안상황실

① 신고접수 즉시 관계기관 및 협조 부서 전파

② 보안상황실은 CCTV로 해당지역 모니터링, 해당지역 출입통제 및 외곽지역 주요시설 경계경비 및 출입통제 강화 지시

③ 화장실, 쓰레기통 등 취약지역 모니터링 강화

④ 신고전화 및 제보 관련정보 합동조사 지원

⑤ 상황종료 시 합동조사팀의 결과 전파

⑥ 업무기록 및 상황보고서 작성 보고

2) 특경대

① 출동 보안요원은 초동조치 후 현장상황 지속적 보안상황실 통보

② 현장통제 및 피해확산 방지를 위한 조치, 추가적인 지원요청

③ 해당지역 출입통제, 비상대피지원, 공항 내·외부 출입통제 강화

④ 화장실, 쓰레기통 등 취약지역 집중순찰

3. 주기된 항공기내 폭발물 발견 및 폭파상황 발생 시

항공기내 선반에 보관 중인 휴대물품

(1) 상황발생 전파 및 조치

가. 관련기관

국가정보원, 서울지방항공청, 국토교통부, 공항경찰단, 출입국외국인청, 세관, 국사안보지원사령부, 관제탑, 항공정보통신센터, 3경비단(군), 국무조정실 대테러센터 등 관련 기관에 핫라인 또는 유·무선 통신장비를 이용해서 즉시 전파한다.

나. 협조부서

공항 EOD(폭발물처리반), 통합운영센터, 보안상황실, 특경대, 항공사, 공항소방대 등에 유·무선 통신장비를 이용해서 전파하고 신속하게 필요한 협조를 받는다.

다. 상황조치

세부절차는 항공보안법, 국가항공보안계획, 공항보안우발계획, 자체비상계획, 매뉴얼 등을 근거로 하여 처리한다.

1) 보안상황실

① 신고접수 즉시 관계기관 및 협조 부서 전파

② 보안상황실은 CCTV로 해당지역 모니터링, 해당지역 출입통제 및 외곽지역 주요시설 경계경비 및 출입통제 강화 지시

③ 화장실, 쓰레기통 등 취약지역 모니터링 강화

④ 신고전화 및 제보 관련정보 합동조사 지원

⑤ 상황종료 시 합동조사팀의 결과 전파

⑥ 업무기록 및 상황보고서 작성 보고

2) 특경대

① 출동 보안요원은 초동조치 후 현장상황 지속적 보안상황실 통보

② 현장통제 및 피해확산 방지를 위한 조치, 추가적인 지원요청

③ 해당지역 출입통제, 비상대피지원, 공항 내 · 외부 출입통제 강화

④ 화장실, 쓰레기통 등 취약지역 집중순찰

4. 공항시설내 설치된 폭발물 발견 및 폭파상황 발생 시

순찰중인 경찰특공대와 폭발물탐지견

▲ 인천공항 폭발물 의심

인천국제공항 1터미널 화장실에서 발견된 폭발물 의심물품(2016.3)

(1) 상황발생 전파 및 조치

가. 관련기관

국가정보원, 서울지방항공청, 국토교통부, 공항경찰단, 출입국외국인청, 세관, 국사안보지원사령부, 관제탑, 항공정보통신센터, 3경비단(군), 국무조정실 대테러센터 등 관련 기관에 핫라인 또는 유·무선 통신장비를 이용해서 즉시 전파한다.

나. 협조부서

공항 EOD(폭발물처리반), 통합운영센터, 보안상황실, 특경대, 공항소방대 등에 유·무선 통신장비를 이용해서 전파하고 신속하게 필요한 협조를 받는다.

다. 상황조치

세부절차는 항공보안법, 국가항공보안계획, 공항보안우발계획, 자체비상계획, 매뉴얼 등을 근거로 하여 처리한다.

1) 보안상황실

① 신고접수 즉시 관계기관 및 협조 부서 전파

② 보안상황실은 CCTV로 해당지역 모니터링, 해당지역 출입통제 및 외곽지역 주요시설 경계경비 및 출입통제 강화 지시

③ 화장실, 쓰레기통 등 취약지역 모니터링 강화

④ 신고전화 및 제보 관련정보 합동조사 지원

⑤ 상황종료 시 합동조사팀의 결과 전파

⑥ 업무기록 및 상황보고서 작성 보고

2) 특경대

① 출동 보안요원은 초동조치 후 현장상황 지속적 보안상황실 통보

② 현장통제 및 피해확산 방지를 위한 조치, 추가적인 지원요청

③ 해당지역 출입통제, 비상대피지원, 공항 내 · 외부 출입통제 강화

④ 화장실, 쓰레기통 등 취약지역 집중순찰

5. 공항시설내 무장괴한에 의한 테러행위 발생 시

CCTV에 녹화된 터키 이스탄불공항 테러범(2016.6)

(1) 상황발생 전파 및 조치

가. 관련기관

국가정보원, 서울지방항공청, 국토교통부, 공항경찰단, 출입국외국인청, 세관, 국

사안보지원사령부, 관제탑, 항공정보통신센터, 3경비단(군), 국무조정실 대테러센터 등 관련 기관에 핫라인 또는 유·무선 통신장비를 이용해서 즉시 전파한다.

나. 협조부서

공항 EOD(폭발물처리반), 통합운영센터, 보안상황실, 특경대, 공항소방대 등에 유·무선 통신장비를 이용해서 전파하고 신속하게 필요한 협조를 받는다.

다. 상황조치

세부절차는 항공보안법, 국가항공보안계획, 공항보안우발계획, 자체비상계획, 매뉴얼 등을 근거로 하여 처리한다.

1) 보안상황실

① 신고접수 즉시 관계기관 및 협조 부서 전파

② 보안상황실은 CCTV로 해당지역 모니터링, 해당지역 출입통제 및 외곽지역 주요시설 경계경비 및 출입통제 강화 지시

③ 화장실, 쓰레기통 등 취약지역 모니터링 강화

④ 제보 관련정보 합동조사 지원

⑤ 상황종료 시 합동조사팀의 결과 전파

⑥ 업무기록 및 상황보고서 작성 보고

2) 특경대

① 출동 보안요원은 초동조치 후 현장상황 지속적 보안상황실 통보

② 현장통제 및 피해확산 방지를 위한 조치, 추가적인 지원요청

③ 해당지역 출입통제, 비상대피지원, 공항 내·외부 출입통제 강화

④ 화장실, 쓰레기통 등 취약지역 집중순찰

6. 폭발물 탑재차량을 이용한 공항시설 테러행위 발생 시

폭발물을 안전하게 운반중인 폭발물처리요원

(1) 상황발생 전파 및 조치

가. 관련기관

국가정보원, 서울지방항공청, 국토교통부, 공항경찰단, 출입국외국인청, 세관, 국사안보지원사령부, 관제탑, 항공정보통신센터, 3경비단(군), 국무조정실 대테러센터 등 관련 기관에 핫라인 또는 유·무선 통신장비를 이용해서 즉시 전파한다.

나. 협조부서

공항 EOD(폭발물처리반), 통합운영센터, 보안상황실, 특경대, 공항소방대 등에 유·무선 통신장비를 이용해서 전파하고 신속하게 필요한 협조를 받는다.

다. 상황조치

세부절차는 항공보안법, 국가항공보안계획, 공항보안우발계획, 자체비상계획, 매뉴얼 등을 근거로 하여 처리한다.

1) 보안상황실

① 신고접수 즉시 관계기관 및 협조 부서 전파

② 보안상황실은 CCTV로 해당지역 모니터링, 해당지역 출입통제 및 외곽지역 주요시설 경계경비 및 출입통제 강화 지시

③ 화장실, 쓰레기통 등 취약지역 모니터링 강화

④ 신고전화 및 제보 관련정보 합동조사 지원

⑤ 상황종료 시 합동조사팀의 결과 전파

⑥ 업무기록 및 상황보고서 작성 보고

2) 특경대

① 출동 보안요원은 초동조치 후 현장상황 지속적 보안상황실 통보

② 현장통제 및 피해확산 방지를 위한 조치, 추가적인 지원요청

③ 해당지역 출입통제, 비상대피지원, 공항 내 · 외부 출입통제 강화

④ 화장실, 쓰레기통 등 취약지역 집중순찰

7. 공항시설내 방화행위 및 위협 발생 시

여객터미널 내 화재발생 대응 훈련중인 기동타격대

(1) 상황발생 전파 및 조치

가. 관련기관

국가정보원, 서울지방항공청, 국토교통부, 공항경찰단, 출입국외국인청, 세관, 국사안보지원사령부, 관제탑, 항공정보통신센터, 3경비단(군), 국무조정실 대테러센터 등 관련 기관에 핫라인 또는 유·무선 통신장비를 이용해서 즉시 전파한다.

나. 협조부서

공항 EOD(폭발물처리반), 통합운영센터, 보안상황실, 특경대, 공항소방대 등에 유·무선 통신장비를 이용해서 전파하고 신속하게 필요한 협조를 받는다.

다. 상황조치

세부절차는 항공보안법, 국가항공보안계획, 공항보안우발계획, 자체비상계획, 매뉴얼 등을 근거로 하여 처리한다.

1) 보안상황실
   - ① 신고접수 즉시 관계기관 및 협조 부서 전파
   - ② 보안상황실은 CCTV로 해당지역 모니터링, 해당지역 출입통제 및 외곽지역 주요시설 경계경비 및 출입통제 강화 지시
   - ③ 화장실, 쓰레기통 등 취약지역 모니터링 강화
   - ④ 신고전화 및 제보 관련정보 합동조사 지원
   - ⑤ 상황종료 시 합동조사팀의 결과 전파
   - ⑥ 업무기록 및 상황보고서 작성 보고

2) 특경대
   - ① 출동 보안요원은 초동조치 후 현장상황 지속적 보안상황실 통보
   - ② 현장통제 및 피해확산 방지를 위한 조치, 추가적인 지원요청
   - ③ 해당지역 출입통제, 비상대피지원, 공항 내·외부 출입통제 강화
   - ④ 화장실, 쓰레기통 등 취약지역 집중순찰

8. 공항시설내 총기 및 흉기 등 사용한 인질극 상황발생 시

여객터미널에서 실시하는 대테러훈련상황

(1) 상황발생 전파 및 조치

가. 관련기관

국가정보원, 서울지방항공청, 국토교통부, 공항경찰단, 출입국외국인청, 세관, 국사안보지원사령부, 관제탑, 항공정보통신센터, 3경비단(군), 국무조정실 대테러센터 등 관련 기관에 핫라인 또는 유·무선 통신장비를 이용해서 즉시 전파한다.

나. 협조부서

공항 EOD(폭발물처리반), 통합운영센터, 보안상황실, 특경대, 공항소방대 등에 유·무선 통신장비를 이용해서 전파하고 신속하게 필요한 협조를 받는다.

다. 상황조치

세부절차는 항공보안법, 국가항공보안계획, 공항보안우발계획, 자체비상계획, 매뉴얼 등을 근거로 하여 처리한다.

1) 보안상황실

① 신고접수 즉시 관계기관 및 협조 부서 전파

② 보안상황실은 CCTV로 해당지역 모니터링, 해당지역 출입통제 및 외곽지역 주요시설 경계경비 및 출입통제 강화 지시

③ 공항경찰단 지원요청

④ 제보 관련정보 합동조사 지원

⑤ 상황종료 시 합동조사팀의 결과 전파

⑥ 업무기록 및 상황보고서 작성 보고

2) 특경대

① 출동 보안요원은 초동조치 후 현장상황 지속적 보안상황실 통보

② 현장통제 및 피해확산 방지를 위한 조치, 추가적인 지원요청

③ 해당지역 출입통제, 비상대피지원, 공항 내 · 외부 출입통제 강화

9. 생화학 테러물질 발견 및 테러피해 발생 시

생화학테러에 대비한 훈련상황

(1) 상황발생 전파 및 조치

가. 관련기관

국가정보원, 서울지방항공청, 국토교통부, 공항경찰단, 출입국외국인청, 검역소, 공항세관, 국사안보지원사령부, 관제탑, 항공정보통신센터, 3경비단군화학부대, 국무조정실 대테러센터 등 관련 기관에 핫라인 또는 유·무선 통신장비를 이용해서 즉시 전파한다.

나. 협조부서

공항 EOD(폭발물처리반), 통합운영센터, 보안상황실, 특경대, 공항소방대 등에 유·무선 통신장비를 이용해서 전파하고 신속하게 필요한 협조를 받는다.

다. 상황조치

세부절차는 항공보안법, 국가항공보안계획, 공항보안우발계획, 자체비상계획, 매뉴얼 등을 근거로 하여 처리한다.

1) 보안상황실

① 신고접수 즉시 관계기관 및 협조 부서 전파

② 보안상황실은 CCTV로 해당지역 모니터링, 해당지역 출입통제 및 외곽지역 주요시설 경계경비 및 출입통제 강화 지시

③ 화장실, 쓰레기통 등 취약지역 모니터링 강화

④ 신고전화 및 제보 관련정보 합동조사 지원

⑤ 상황종료 시 합동조사팀의 결과 전파

⑥ 업무기록 및 상황보고서 작성 보고

2) 특경대

① 출동 보안요원은 초동조치 후 현장상황 지속적 보안상황실 통보

② 현장통제 및 피해확산 방지를 위한 조치, 추가적인 지원요청

③ 해당지역 출입통제, 비상대피지원, 공항 내·외부 출입통제 강화

④ 화장실, 쓰레기통 등 취약지역 집중순찰

10. 항공기내 인질극 발생 시

탑승객을 안전하게 이송중인 항공테러 훈련상황

(1) 상황발생 전파 및 조치

가. 관련기관

국가정보원, 서울지방항공청, 국토교통부, 공항경찰단, 출입국외국인청, 세관, 검역소, 국사안보지원사령부, 관제탑, 항공정보통신센터, 3경비단(군), 국무조정실 대테러센터 등 관련 기관에 핫라인 또는 유・무선 통신장비를 이용해서 즉시 전파한다.

나. 협조부서

공항 EOD(폭발물처리반), 통합운영센터, 보안상황실, 특경대, 공항소방대 등에 유・무선 통신장비를 이용해서 전파하고 신속하게 필요한 협조를 받는다.

다. 상황조치

세부절차는 항공보안법, 국가항공보안계획, 공항보안우발계획, 자체비상계획, 매뉴얼 등을 근거로 하여 처리한다.

1) 보안상황실

① 신고접수 즉시 관계기관 및 협조 부서 전파

② 대테러상황실은 CCTV로 해당지역 모니터링, 해당지역 출입통제 및 외곽 지역 주요시설 경계경비 및 출입통제 강화 지시

③ 화장실, 쓰레기통 등 취약지역 모니터링 강화

④ 신고전화 및 제보 관련정보 합동조사 지원

⑤ 상황종료 시 합동조사팀의 결과 전파

⑥ 업무기록 및 상황보고서 작성 보고

2) 특경대

① 출동 보안요원은 초동조치 후 현장상황 지속적 보안상황실 통보

② 현장통제 및 피해확산 방지를 위한 조치, 추가적인 지원요청

③ 해당지역 출입통제, 비상대피지원, 공항 내 · 외부 출입통제 강화

④ 화장실, 쓰레기통 등 취약지역 집중순찰

11. 초소지역 강제 침입자 발생 시

인천국제공항 에어사이드 출입초소(차량진입/진출통로 구분설치)

(1) 상황발생 전파 및 조치

가. 관련기관

국가정보원, 서울지방항공청, 국토교통부, 공항경찰단, 출입국외국인청, 세관, 국사안보지원사령부 등 관련 기관에 핫라인 또는 유·무선 통신장비를 이용해서 즉시 전파한다.

나. 협조부서

통합운영센터, 보안상황실, 특경대 등에 유·무선 통신장비를 이용해서 전파하고 신속하게 필요한 협조를 받는다.

다. 상황조치

세부절차는 항공보안법, 국가항공보안계획, 공항보안우발계획, 자체비상계획, 매뉴얼 등을 근거로 하여 처리한다.

1) 보안상황실

① 신고접수 즉시 관계기관 및 협조 부서 전파

② 보안상황실은 CCTV로 해당지역 모니터링, 해당지역 출입통제 및 외곽지역 주요시설 경계경비 및 출입통제 강화 지시

③ 신고전화 및 제보 관련정보 합동조사 지원

④ 상황종료 시 합동조사팀의 결과 전파

⑤ 업무기록 및 상황보고서 작성 보고

2) 특경대

① 출동 보안요원은 초동조치 후 현장상황 지속적 보안상황실 통보

② 강제침입자 도주로 추적

③ 현장통제 및 피해확산 방지를 위한 조치, 추가적인 지원요청

④ 해당지역 출입통제, 비상대피지원, 공항 내·외부 출입통제 강화

12. 불법출입증 사용경보 접수시

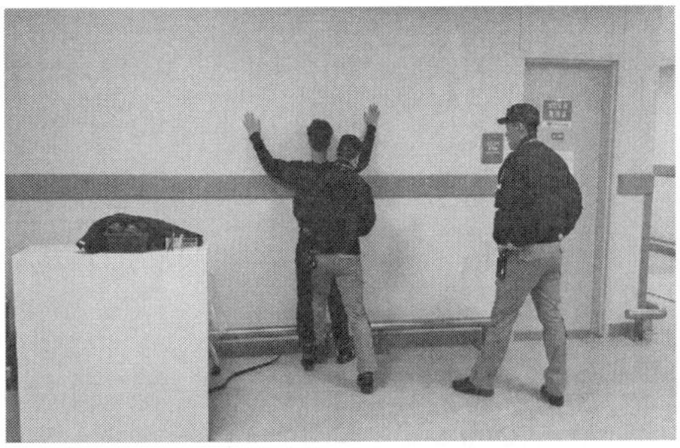

불법출입자 발생시 대응훈련상황

(1) 상황발생 전파 및 조치

가. 관련기관

국가정보원, 서울지방항공청, 국토교통부, 공항경찰단, 출입국외국인청, 세관, 국사안보지원사령부 등 관련 기관에 핫라인 또는 유·무선 통신장비를 이용해서 즉시 전파한다.

나. 협조부서

통합운영센터, 보안상황실, 특경대 등에 유·무선 통신장비를 이용해서 전파하고 신속하게 필요한 협조를 받는다.

다. 상황조치

세부절차는 항공보안법, 국가항공보안계획, 공항보안우발계획, 자체비상계획, 매뉴얼 등을 근거로 하여 처리한다.

1) 보안상황실

① 신고접수 즉시 관계기관 및 협조 부서 전파

② 보안상황실은 CCTV로 해당지역 모니터링, 해당지역 출입통제 및 외곽지역 주요시설 경계경비 및 출입통제 강화 지시

③ 신고전화 및 제보 관련정보 합동조사 지원

④ 상황종료 시 합동조사팀의 결과 전파

⑤ 업무기록 및 상황보고서 작성 보고

2) 특경대

① 출동 보안요원은 초동조치 후 현장상황 지속적 보안상황실 통보

② 현장통제 및 피해확산 방지를 위한 조치, 추가적인 지원요청

③ 해당지역 출입통제, 비상대피지원, 공항 내·외부 출입통제 강화

13. 공항시설내 화재경보 및 화재 발생시

여객터미널 내 화재발생시 대응처리 훈련상황

(1) 상황발생 전파 및 조치

가. 관련기관

국가정보원, 서울지방항공청, 공항소방대, 공항경찰단 등 관련 기관에 핫라인 또는 유·무선 통신장비를 이용해서 즉시 전파한다.

나. 협조부서

통합운영센터, 공항소방대, 보안상황실, 특경대 등에 유·무선 통신장비를 이용해서 전파하고 신속하게 필요한 협조를 받는다.

다. 상황조치

세부절차는 항공보안법, 국가항공보안계획, 공항보안우발계획, 자체비상계획, 매뉴얼 등을 근거로 하여 처리한다.

1) 보안상황실
   ① 신고접수 즉시 관계기관 및 협조 부서 전파
   ② 보안상황실은 CCTV로 해당지역 모니터링 및 상황전파, 해당지역 출입통제 및 외곽지역 주요시설 경계경비 및 출입통제 강화 지시
   ③ 신고전화 및 제보 관련정보 합동조사 지원
   ④ 상황종료 시 합동조사팀의 결과 전파
   ⑤ 업무기록 및 상황보고서 작성 보고

2) 특경대
   ① 출동 보안요원은 초동조치 후 현장상황 지속적 보안상황실 통보
   ② 현장통제 및 피해확산 방지를 위한 조치, 추가적인 지원요청
   ③ 해당지역 출입통제, 비상대피지원, 공항 내·외부 출입통제 강화

14. 폭행 및 난동 발생시

인천국제공항에서 실제 발생한 시설물 파손상황

(1) 상황발생 전파 및 조치

가. 관련기관

공항경찰단에 핫라인 또는 유 · 무선 통신장비를 이용해서 즉시 전파한다.

나. 협조부서

통합운영센터, 보안상황실, 특경대, 공항소방대 등에 유 · 무선 통신장비를 이용해서 전파하고 신속하게 필요한 협조를 받는다.

다. 상황조치

세부절차는 항공보안법, 국가항공보안계획, 공항보안우발계획, 자체비상계획, 매뉴얼 등을 근거로 하여 처리한다.

1) 보안상황실

① 신고접수 즉시 관계기관 및 협조 부서 전파

② 보안상황실은 CCTV로 해당지역 모니터링

③ 신고전화 및 제보 관련정보 합동조사 지원

④ 상황종료 시 합동조사팀의 결과 전파

⑤ 업무기록 및 상황보고서 작성 보고

2) 특경대

① 출동 보안요원은 초동조치 후 현장상황 지속적 보안상황실 통보

② 현장통제 및 피해확산 방지를 위한 조치, 추가적인 지원요청

③ 해당지역 출입통제, 비상대피지원, 공항 내·외부 출입통제 강화

15. 외곽울타리 월담 침입자 발생시

PIDS(Perimeter Intrusion Detection System)
외곽침입탐지시스템

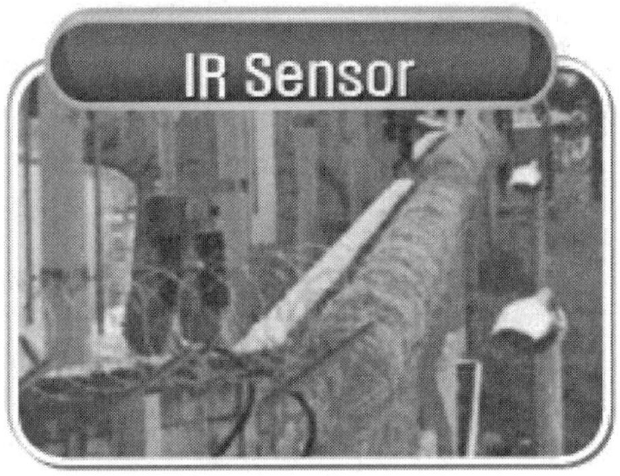

IR(Infrared Ray) Sensor
적외선 센터

(1) 상황발생 전파 및 조치

가. 관련기관

국가정보원, 서울지방항공청, 공항소방대, 공항경찰단, 출입국외국인청, 공항세관, 군사안보지원사령부, 항공정보통신센터 등 관련 기관에 핫라인 또는 유·무선 통신장비를 이용해서 즉시 전파한다.

나. 협조부서

통합운영센터, 보안상황실, 특경대 등에 유·무선 통신장비를 이용해서 전파하고 신속하게 필요한 협조를 받는다.

다. 상황조치

세부절차는 항공보안법, 국가항공보안계획, 공항보안우발계획, 자체비상계획, 매뉴얼 등을 근거로 하여 처리한다.

1) 보안상황실

① 신고접수 즉시 관계기관 및 협조 부서 전파

② 보안상황실은 CCTV로 해당지역 모니터링 및 상황전파, 해당지역 출입통제 및 외곽지역 주요시설 경계경비 및 출입통제 강화 지시

③ 신고전화 및 제보 관련정보 합동조사 지원

④ 상황종료 시 합동조사팀의 결과 전파

⑤ 업무기록 및 상황보고서 작성 보고

2) 특경대

① 출동 보안요원은 초동조치 후 현장상황 지속적 보안상황실 통보

② 현장통제 및 피해확산 방지를 위한 조치, 추가적인 지원요청

③ 해당지역 출입통제, 비상대피지원, 공항 내·외부 출입통제 강화

16. 외곽시설물에 폭발물 투척 후 도주시

(1) 상황발생 전파 및 조치

가. 관련기관

국가정보원, 서울지방항공청, 국토교통부, 공항경찰단, 출입국외국인청, 세관, 국사안보지원사령부, 항공정보통신센터, 3경비단(군), 국무조정실 대테러센터 등 관련기관에 핫라인 또는 유·무선 통신장비를 이용해서 즉시 전파한다.

나. 협조부서

공항 EOD(폭발물처리반), 통합운영센터, 보안상황실, 특경대, 공항소방대 등에 유·무선 통신장비를 이용해서 전파하고 신속하게 필요한 협조를 받는다.

다. 상황조치

세부절차는 항공보안법, 국가항공보안계획, 공항보안우발계획, 자체비상계획, 매뉴얼 등을 근거로 하여 처리한다.

1) 보안상황실
 ① 신고접수 즉시 관계기관 및 협조 부서 전파
 ② 보안상황실은 CCTV로 해당지역 모니터링, 해당지역 출입통제 및 외곽지역 주요시설 경계경비 및 출입통제 강화 지시
 ③ 화장실, 쓰레기통 등 취약지역 모니터링 강화
 ④ 신고전화 및 제보 관련정보 합동조사 지원
 ⑤ 상황종료 시 합동조사팀의 결과 전파
 ⑥ 업무기록 및 상황보고서 작성 보고

2) 특경대
 ① 출동 보안요원은 초동조치 후 현장상황 지속적 보안상황실 통보
 ② 현장통제 및 피해확산 방지를 위한 조치, 추가적인 지원요청
 ③ 해당지역 출입통제, 비상대피지원, 공항 내·외부 출입통제 강화
 ④ 화장실, 쓰레기통 등 취약지역 집중순찰

17. 외곽통제초소로 인원 및 차량 돌파시

(1) 상황발생 전파 및 조치

가. 관련기관

국가정보원, 서울지방항공청, 공항소방대, 공항경찰단, 출입국외국인청, 공항세관, 군사안보지원사령부, 국토교통부 등 관련 기관에 핫라인 또는 유·무선 통신장비를 이용해서 즉시 전파한다.

나. 협조부서

통합운영센터, 공항소방대, 보안상황실, 특경대 등에 유·무선 통신장비를 이용해서 전파하고 신속하게 필요한 협조를 받는다.

다. 상황조치

세부절차는 항공보안법, 국가항공보안계획, 공항보안우발계획, 자체비상계획, 매뉴얼 등을 근거로 하여 처리한다.

1) 보안상황실
   ① 신고접수 즉시 관계기관 및 협조 부서 전파
   ② 보안상황실은 CCTV로 해당지역 모니터링 및 상황전파, 해당지역 출입통제 및 외곽지역 주요시설 경계경비 및 출입통제 강화 지시
   ③ 신고전화 및 제보 관련정보 합동조사 지원
   ④ 상황종료 시 합동조사팀의 결과 전파
   ⑤ 업무기록 및 상황보고서 작성 보고
2) 특경대
   ① 출동 보안요원은 초동조치 후 현장상황 지속적 보안상황실 통보
   ② 현장통제 및 피해확산 방지를 위한 조치, 추가적인 지원요청
   ③ 해당지역 출입통제, 비상대피지원, 공항 내·외부 출입통제 강화

보호구역으로 진입하는 차량 출입통제

18. 공항시설 주변 무인비행장치 발견시

(1) 상황발생 전파 및 조치

가. 관련기관

국가정보원, 서울지방항공청, 공항경찰단, 군사안보지원사령부, 항공정보통신센터 등 관련 기관에 핫라인 또는 유·무선 통신장비를 이용해서 즉시 전파한다.

나. 협조부서

통합운영센터, 이동지역관리소, 보안상황실, 특경대, 야생동물 통제관리소 등에 유·무선 통신장비를 이용해서 전파하고 신속하게 필요한 협조를 받는다.

다. 상황조치

세부절차는 항공보안법, 국가항공보안계획, 공항보안우발계획, 자체비상계획, 매뉴얼 등을 근거로 하여 처리한다.

1) 보안상황실

① 신고접수 즉시 관계기관 및 협조 부서 전파

② 보안상황실은 CCTV로 해당지역 모니터링 및 상황전파, 해당지역 출입통제 및 외곽지역 주요시설 경계경비 및 출입통제 강화 지시
③ 취약지역 모니터링 강화
④ 신고전화 및 제보 관련정보 합동조사 지원
⑤ 상황종료 시 합동조사팀의 결과 전파
⑥ 업무기록 및 상황보고서 작성 보고

2) 특경대

① 출동 보안요원은 초동조치 후 현장상황 지속적 보안상황실 통보
② 현장통제 및 추가적인 지원요청
③ 해당지역 출입통제, 비상대피지원, 공항 내 · 외부 출입통제 강화
④ 취약지역 집중순찰

비인가 드론을 탐지하는 드론탐지시스템

Chap. 6 공항 경비시스템 운영

제1절 경비시스템 개념 및 적용

제2절 CCTV 운영

제3절 출입통제시스템 운영

제4절 외곽 침입감지시스템 운영

제5절 보안검색장비 운영

제6장 공항 경비시스템 운영

제1절 경비시스템 개념 및 적용

1. 경비시스템 기능 및 종류

경비시스템은 경비활동의 주체인 사람을 도와 경비업무를 보다 효과적으로 수행할 수 있게 하며, 취약지역의 감시, 인원 및 차량의 출입통제, 이상상황 감지 및 경보 등의 기능을 제공한다. 경비시스템을 구성하는 장비의 기술발달과 함께 새로운 형태의 근무를 가능하게 하며, 경비업무의 효율을 증가시키는 역할과 함께 인건비를 줄여 경제적인 경비업무를 가능하게 한다.

경비시스템은 사용자에 따라 물리적 보안시스템, 방범시스템 등으로 불리며, 기능 및 적용형태에 따라 다음과 같이 3가지로 구분할 수 있다[27].

첫째, 감시와 녹화 기능을 제공하는 영상감시시스템인 CCTV시스템

둘째, 사람 및 차량의 출입통제 기능을 제공하는 출입통제시스템

셋째, 침입행위나 이상상황을 감지하고 경보하는 기능을 제공하는 침입감지시스템

CCTV(Closed Circuit TV)는 감시지역에서 발생하는 이상상황을 근무자에게 시각정보 형태로 제공하여 이상상황에 대응할 수 있게 해주며, 출입통제시스템(Access Control System)은 인가된 사람이나 차량을 식별하여 출입을 허용 또는 통제하는 기능을 수행한다. 그리고 침입감지시스템((Intrusion Detection System)은 무단침입이나 이상상황 등을 감지하고 경보신호를 발생하여 이상상황에 적절히 대응할 수 있게 해 준다.

경비시스템은 CCTV시스템, 출입통제시스템, 침입감지시스템을 단독으로 또는

27) 정태황, 「기계경비개론」. 서울: 백산출판사, 2001, P. 15.

2~3개의 시스템을 같이 적용하게 된다. 예를 들어 건물의 입구에서 불필요한 출입자를 통제하기 위하여 출입통제시스템과 CCTV시스템을 같이 적용하거나 울타리를 통해 외부에서 시설 내부로 무단 침입하는 행위를 감지하기 위하여 침입감지시스템과 CCTV시스템을 같이 적용할 수 있다.

경비시스템은 전기·전자, 정보통신, 영상처리, 프로그램 등 여러 가지 기술을 기반으로 하며, 경비시스템에 적용되는 기술이 변화하면서 경비시스템의 적용 방법도 변화하고 있다. 경비시스템이 보안인력이 하게 되는 많은 부분을 대신하게 되면서 보안시스템과 사람이 연계된 새로운 보안방법이 제시되고 있으며, 특히 디지털 기술과 소프트웨어 기술이 적용되면서 경비시스템을 통합적으로 운영할 수 있는 기반을 제공하고 있다.

2. 경비시스템의 적용 개념

공항은 국가중요시설로 CCTV시스템, 출입통제시스템, 침입감지시스템이 모두 적용되어 각각의 시스템이 서로 연계되는 형태로 적용된다. 외곽 울타리를 통한 침입행위 감지에서부터 취약지역 감시, 주요 지역에 대한 인원 및 차량의 출입통제 등 보호가 요구되는 시설로 들어오는 과정을 단계적이고 중복적으로 감시 또는 통제하게 되며, 상황실에서 통제 및 조회·검색 기능을 수행하게 된다.

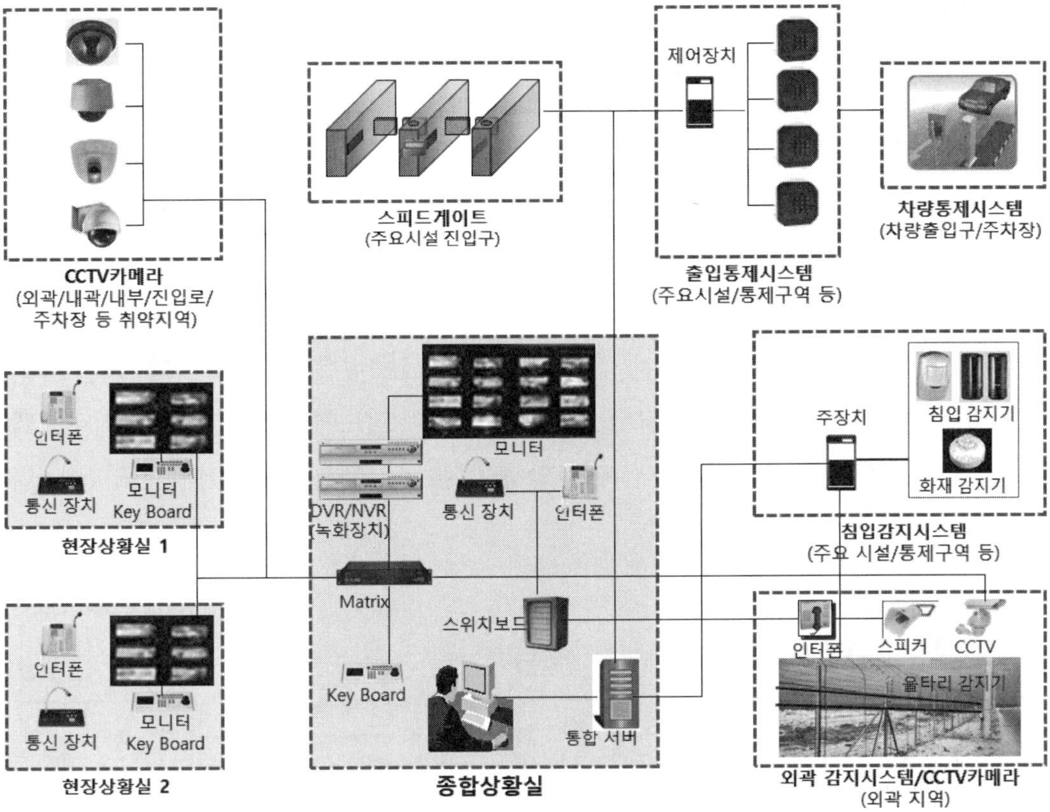

통합적 경비시스템 적용형태

위 그림은 장소별로 요구되는 기능에 맞게 경비시스템을 구축하여 상황실에서 통합적으로 운영하는 경비시스템의 적용형태를 보여주는 것이다. 시설의 규모나 운영 방법에 따라 차이는 있지만 통합상황실을 중심으로 관리가 가능한 다수의 현장상황실을 운영하여 보안의 효과를 높일 수 있다.

외곽으로부터 침입을 감지 · 감시하기 위한 울타리감지시스템과 CCTV카메라, 주요시설에의 무단침입을 감지 · 경보하기 위한 침입감지시스템, 외부에서 시설 내부로 이르는 과정에서 사람과 차량의 출입을 통제하기 위한 출입통제시스템과 주요 시설 출입구에 스피드게이트, 그리고 상황관리를 위해 보안인력 및 지원요원 간 통신할 수 있는 시스템을 구축하여 이를 상황실에서 통합적으로 운용하는 형태를 보여주는 것으로 공항경비시스템도 이와 유사한 형태로 적용된다.

3. 통합적 운영

경비업무를 효과적으로 수행하기 위하여 보안인력과 경비시스템, 보안검색장비 등 여러 요소들을 통합적으로 운영하는 것이 필요하다. 우선적으로 보안인력과 경비시스템을 통합적으로 운영·관리할 수 있어야 하며, 경비시스템의 기능이 체계적으로 연계될 수 있도록 통합하는 것이 효과적이다.

다음 그림은 통합적 보안운영체계 형태를 보여주는 것으로 CCTV와 출입통제시스템, 침입감지시스템을 하드웨어적·소프트웨어적으로 통합하고, 순찰과 출입통제, 감시 및 감지, 경보, 대응이 체계적으로 이루어질 수 있도록 보안인력과 경비시스템의 기능을 통합하는 것이 필요하다. 이러한 통합적 운영을 위한 공간이 필요하며, 일반적으로 상황실에서 이루어진다.

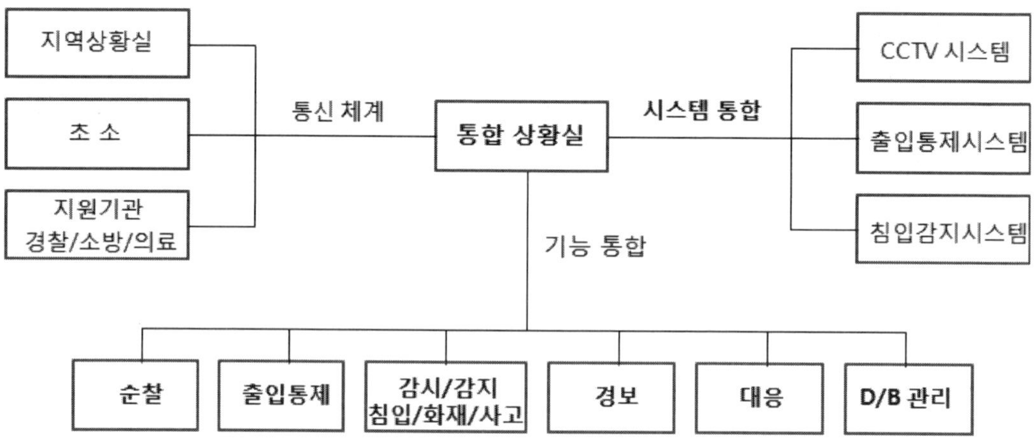

통합적 보안운영체계 형태

상황실은 기능에 따라 종합상황실과 지역상황실로 구분할 수 있으며, 지역상황실은 보안인력의 규모 및 보안대상에 따라 탄력적으로 운영할 수 있다. 그리고 자체적으로 운영하는 보안요소를 통합하는 것 외에 전문 지원기관과 연락할 수 있는 통신체계를 구축함으로서 이상상황에 효과적으로 대응할 수 있다.

갈수록 건물 관리가 지능화 되면서 건물관리와 경비기능이 연계 또는 통합될 수 있도록 설계가 이루어지고 있어 통합적 보안운영체계를 구축하는 것은 자연스러운 변화라 할 수 있다. 건물의 조명제어와 냉난방 제어, 전력 제어, 공조기 제어 등 건물의 관리적 기능에 출입통제와 영상감시 등의 보안기능과 화재감시 및 경보, 소화 및 자동제어 등의 기능이 통합 또는 연계가능하게 설계되고 있다.

제2절 CCTV 운영

1. CCTV 구성체계

CCTV(Closed Circuit Television)는 폐쇄회로 TV를 의미하며, '촬영된 영상정보를 특정 대상에게 전송하여 볼 수 있게 하는 시스템'으로 정의할 수 있다. 폐쇄회로 TV란 카메라와 모니터를 케이블로 연결한 TV를 의미하며, CCTV는 카메라와 TV수상기 사이를 무선으로 연결하여 TV수상기를 가지고 있는 모든 사람이 볼 수 있는 기존의 공용 TV와 구분하기 위해 사용된 용어이지만 통신기술의 발달로 카메라와 모니터를 무선으로 연결한 무선 CCTV가 사용되기도 한다.

CCTV시스템은 기본적으로 촬상부, 전송부, 수상부로 구성되며, 선택적으로 부수장치를 사용한다.

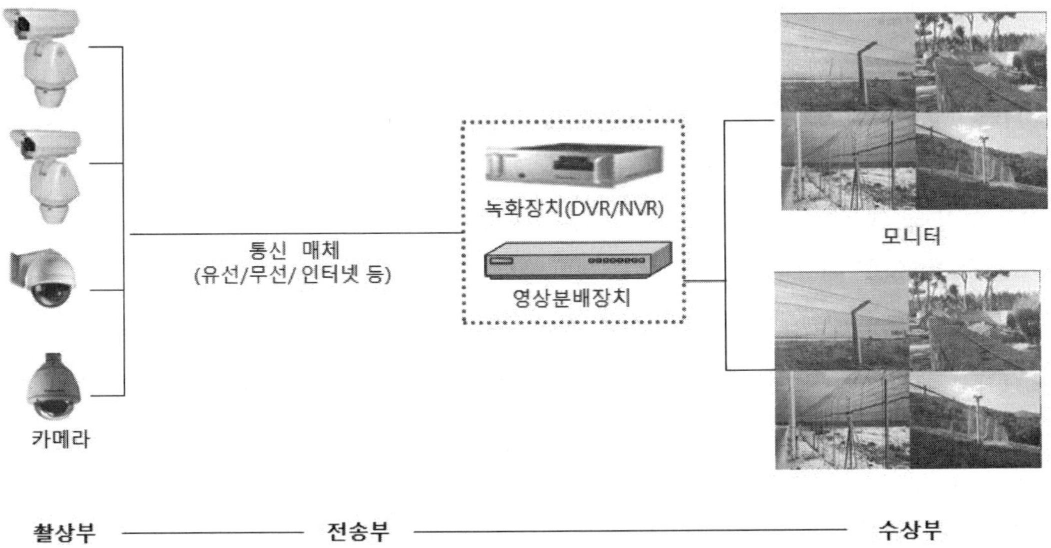

CCTV 구성체계

촬상부는 피사체를 촬영하고, 이를 전기적신호로 변환하여 촬영된 영상을 모니터에서 볼 수 있게 하는 역할을 하며, 카메라와 렌즈가 그 기능을 수행한다. 촬상부는 카메라를 주변의 열악한 조건들로부터 보호하기 위해 사용하는 하우징과 카메라를 벽이나 천장에 고정하기 위해 사용하는 브라켓, 카메라를 좌·우·상·하로 조정할 수 있는 팬·틸트 장치 등의 주변기기를 포함한다.

전송부는 촬상부에서 촬영한 영상을 수상부에 전송하는 역할을 한다. 촬영한 영상을 수상부로 전송하기 위해 유선망이 많이 사용되고 있으며, 그 중 동축케이블이 많이 사용되고, 광케이블, UTP케이블 등이 사용되고 있으며, 영상전송을 위해 인터넷의 사용이 증가하고 있다. 영상을 무선으로 전송하기 위해 VHF·UHF, 마이크로웨이브, 이동통신 등을 이용할 수 있으며, 무선인터넷을 이용하여 스마트폰 등의 휴대용 통신단말기를 통해 영상을 볼 수 있다.

수상부는 촬상부에서 전송된 전기신호를 영상신호로 재생하여 사람이 영상을 볼 수 있게 하는 역할을 하는데, 모니터가 이에 해당한다.

그리고 영상녹화장치와 카메라에서 촬영한 영상을 여러 곳에 설치한 모니터로 분배하기 위한 영상분배장치 등의 부수장치를 사용하기도 한다.

2. CCTV 주요장치

(1) 카메라

카메라는 피사체에서 반사되는 빛을 받아 상을 맺고 빛에너지를 전기에너지로 변환하여 모니터에서 볼 수 있게 하는 역할을 한다. 피사체로부터 받은 빛은 카메라 앞에 장착된 렌즈를 통해 카메라의 촬상소자로 보내져 상을 맺는데, 촬상소자는 사람 눈의 망막에 해당하는 역할을 한다.

카메라에 사용되는 고체촬상소자는 소형 경량이고, 수명이 길며 충격이나 진동에 강하다 는 특성을 가지고 있으며, 카메라에는 CCD(Charge Coupled Device)형과 MOS(Metal Oxide Semi-conductor)형, CMOS(Complementary Metal Oxide Semi-conductor) 등의 고체촬상소자가 사용된다.

카메라를 선택함에 있어 중요한 요소는 조명과 카메라를 조화시키는 것으로, 카메라 선택을 위해 적용할 수 있는 조명의 조건은 정상적인 태양빛이나 조명이 있는 상태, 빛이 낮은 상태, 빛이 없어 앞을 볼 수 없는 상태이다.

보안목적을 위해 CCTV에 요구되는 것은 정상적인 상황과 비정상적인 상황을 구별하는 것으로 단순한 감시 목적만을 위한 것이라면 사람이 누구인지를 확인할 필요없이 사람이라는 것이 구별할 수 있을 정도의 장비면 되지만 침입자를 식별하거나 범인검거를 위한 자료로 이용하기 위한 것이라면 선명한 영상을 제공할 수 있는 좋은 카메라가 필요하다.

(2) 렌즈

렌즈는 카메라 앞에 장착되어 피사체로부터 들어오는 빛을 모아 촬상소자로 보내는 역할을 하며, 사람 눈의 수정체에 해당하는 역할을 한다. 렌즈 내부에는 촬영에 필요한 적당한 빛이 카메라로 들어올 수 있도록 조절해 주는 조리개가 있다. 광량이 변화하는 곳에서는 수동 또는 자동조리개가 내장되어 있는 렌즈를 사용하는 것이 좋고, 항상 광량이 일정하게 보장되는 곳에서는 조리개가 없는 렌즈를 사용할 수 있는데, 대부분의 카메라에는 기본적으로 전자조리개 기능이 내장되어 있다.

렌즈의 종류는 다양하게 구분되지만 CCTV용 카메라에 사용되는 렌즈는 고정초점렌즈와 가변초점렌즈로 구분하여 설명할 수 있다. 고정초점렌즈는 피사체의 촬영범위가 고정된 렌즈이고, 수동조리개나 자동조리개를 사용한다. 가변초점렌즈는 줌렌즈의 일종으로 초점거리를 변화할 수 있고 수동조리개 또는 자동조리개를 사용한다. 줌렌즈는 초점거리를 수동으로 또는 원격으로 조정하는데, 모터를 이용하여 초점거리를 조절하는 렌즈를 전동줌렌즈라 부르기도 한다.

고정초점 렌즈　　가변초점 렌즈　　전동 줌 렌즈

렌즈 형태

TV나 영화를 시청하면서 줌렌즈의 기능에 대해 매력을 느끼지만, CCTV 모니터에 집중하고 이상상황 조치를 위한 순간적 결정이 필요한 보안근무 상황에서 줌렌즈는 중요한 것이 아닐 수 있다. 감시범위를 넓히고 이상상황 추적관리를 위해 팬・틸트 장치와 함께 줌렌즈를 사용할 수 있으며, 팬・틸트 장치와 줌렌즈를 함께 사용한 'PTZ시스템'을 사용할 수 있다.

용도에 따라 광각렌즈나 핀홀렌즈, 프리즘렌즈 등과 같은 특수렌즈를 사용하기도 하는데, 광각렌즈는 넓은 시야를 볼 수 있는 렌즈로 보통 180도 이상의 수평화각을 갖는 렌즈를 말하는데, 광각렌즈는 화상의 찌그러짐이 커서 CCTV카메라용으로는 적당하지 않다. 핀홀렌즈는 가늘고 긴 파이프 형의 렌즈 끝에 달린 아주 작은 구멍을 통하여 상을 얻는 렌즈로, 가방 등에 은폐하여 몰래 촬영하기 위해 사용된다. 프리즘렌즈는 렌즈의 앞에 프리즘이 있어 들어오는 빛을 프리즘으로 반사하여 렌즈에 보내주게 되는데, 프리즘 부분을 은폐하여 사용할 수 있다.

렌즈를 선택하기 위하여 피사체와 카메라 사이의 거리를 측정하게 되는데, 피사체와의 거리가 길수록 초점거리가 긴 렌즈를 사용한다. 초점거리가 더 짧은 렌즈는 더 넓은 상을 볼 수 있게 하는데 출입통제가 이루어지는 상황에서 사람이 들어오는 것을 확인할 목적으로 그 지역을 가까이 볼 수 있어야 한다면 초점거리가 짧은 렌즈를 사용하는 것이 좋다.

핀홀 렌즈 형태

(3) 카메라 하우징

카메라하우징은 카메라를 주변의 열악한 조건들로부터 보호하기 위해 사용하는 케이스로, 하우징 내부에 카메라와 렌즈, 전원장치 등을 내장할 수 있다. 하우징은 주로 먼지나 벌레로부터 카메라를 보호해 주는 방진, 방충 기능을 기본으로 하는 경우가 많으며, 방진이나 방충 기능 외에 사용온도를 초과하는 환경이나 직사광선 또는 비바람을 막기 위해 사용된다. 그리고 습도가 높거나 부식성 가스나 염분이 있는 장소, 기계적 보호가 필요한 장소 등에서 사용된다.

하우징은 용도에 따라 여러 가지 형태를 사용할 수 있는데, 일반적인 원통형이나 사각형 외에 사람들의 카메라에 대한 거부감을 줄이기 위해 돔형 하우징이나 카메라 은폐를 위해 매립형 하우징이 사용되기도 한다. 그리고 저온으로부터 카메라를 보호하기 위해 하우징에 히터를 내장하거나 하우징 앞 유리의 물기나 먼지를 제거할 수 있도록 와이퍼를 장치하는 경우도 있다.

하우징은 특수한 목적에 사용되는 카메라를 보호하기 위해 사용되는데, 제철소 용광로나 보일러 주변처럼 고온인 환경에서 카메라를 보호하기 위해서 물이나 공기 등으로 강제 냉각시켜 하우징 내부 온도를 유지시키고, 하우징 전면 유리는 내열 유리를 사용한다. 그리고 화학공장이나 폭발성 가스나 증기가 존재하는 장소에 카메라를 사용하는 경우, 폭발이나 화재로부터 카메라를 보호해 주는 방폭형 하우징을 사용한다.

카메라 하우징 형태

(4) 영상 전송매체

카메라에서 촬영된 영상은 영상 전송매체를 통해 모니터에 전달되며, 카메라와 모니터 사이의 거리와 환경적 특성 등을 고려하여 영상 전송매체를 선택하게 된다.

카메라와 모니터를 연결할 때, 유선망을 설치하기 불편하거나 실용적이지 못할 경우에 무선망을 사용한다. 무선영상전송을 위하여 무선인터넷이나 VHF나 UHF대의 무선망, 마이크로웨이브 무선망, 이동통신망 등을 이용할 수 있다.

동축케이블은 카메라와 모니터를 연결하기 위하여 많이 사용되고 있으며, 동축케이블은 중심에 도체가 있고 그 주위는 딱딱하거나 투명한 절연체로 둘러싸여 있으며, 그 위에 꼬여진 형태나 나선형의 납작한 끈 모양의 도체로 구성되어 있다. 동축케이블은 비교적 가까운 거리에서 영상신호를 전송하기 위하여 효과적으로 사용할 수 있지만, 거리가 일정 이상으로 멀어지면 에너지 감쇠현상으로 인해 깨끗한 영상을 전송하기 어렵다.

광케이블(Optical Cable)은 광섬유를 케이블화한 것으로 전송속도가 빠르고, 전송 중 에너지 손실이 적으며 전자유도나 낙뢰에 의한 방해를 받지 않고 전송할 수 있어 고속데이터전송을 위해 사용되며, 장거리 송신과 다중통신이 가능하여 장거리 영상신호전송을 위해 많이 사용되고 있다.

트위스트 페어 케이블(TPC : Twisted Pair Cable)은 꼬아놓은 전선을 말하는 것으로 근거리 네트워크 통신망용으로 개발되었으며, UTP케이블은 트위스트 페어 케이블의 일종이다. 트위스트 페어 케이블은 동축케이블에 비해 케이블 비용이 저렴하고, 작업이 용이하며 동축케이블 보다 장거리 송신이 가능하다는 장점으로 그 사용이 증가하고 있다.[28] 그리고 1개의 케이블로 영상전송과 음성전송, 제어기능 처리 등이 가능하므로 시스템 응용성이 우수하다.

인터넷 기술이 CCTV 영상전송에 적용되어 CCTV를 보다 편리하고 효과적으로 이용할 수 있다. 인터넷을 영상전송매체로 이용하면 카메라 영상을 현장에서 감시할 수 있을 뿐 아니라 인터넷 사용이 가능한 곳이면 PC나 스마트폰 등의 휴대단말기를 이용해 시간과 장소에 구애받지 않고 편리하게 영상을 감시할 수 있으며, 여러 사람이 동시에 카메라 영상을 확인할 수 있다.

(5) 모니터

모니터는 카메라에서 전송된 전기신호를 영상신호로 전환하여 수신하는 것으로 음성신호를 함께 수신할 수 있다. 모니터의 종류에는 CRT(브라운관형)와 LCD(액정형), PDP, LED 등 여러 가지가 있으나 LCD모니터와 LED 모니터는 얇고 가벼워 CRT모니터를 대신하여 사용이 증가하고 있다.

CCTV 운용 시 모니터 화면의 크기가 중요한 요소 중 하나이며, 모니터의 크기는 화면의 대각선 길이를 인치 단위로 표시한다. 사람이 모니터 화면을 통해 보는 영상

28) 지창환. 「CCTV시스템 구축」, 서울: 인포더북스. 2010, p. 79.

은 화소라는 빛의 작은 점이 배열된 것으로, 화소가 세밀할수록 화면은 선명하게 표현된다. 화소의 크기는 모니터의 크기와 동일한 비례로 작아지거나 커지기 어렵기 때문에 더 큰 모니터를 선호할 필요가 없다. 어떤 면에서 큰 모니터의 사용은 공간의 낭비라 할 수 있으며, 화면을 보고 있는 사람으로 하여금 화면에 집중시키지 못하게 할 수 있다.

3. CCTV 운영

CCTV는 현재 무엇이 진행되고 있는가를 눈으로 확인할 수 있게 해주며, 근무자의 시선을 모니터에 집중하게 하여 이상상황의 발생을 인지하고 신속한 대응이 가능하게 해주므로 경비목적을 위해 아주 유용하게 사용되고 있다.

CCTV는 현장에서 발생하는 상황을 실시간으로 감시할 수 있고, 녹화된 영상을 보고 나중에 필요한 조치를 할 수 있게 해주는 기능을 제공하며, 출입통제시스템과 같이 적용되어 출입구에 설치된 카메라를 통해 상황실에서 출입자를 직접 확인하고 출입문을 통제하기 위해 사용할 수 있다.

(1) 감시영역 확장

감시영역을 확장하기 위하여 팬 · 틸트 장치를 사용할 수 있는데. 팬 · 틸트 장치는 카메라를 상 · 하 · 좌 · 우로 움직여 더 넓은 지역을 감시할 수 있고, 침입행위 등과 같은 이상상황을 추적할 수 있다. 범인의 이동을 추적하여 오래 감시하기 위하여 근무자가 팬 · 틸트 장치를 조작할 충분한 시간적 여유가 있어야 하며, 필요한 속도로 작동할 수 있어야 한다. 따라서 팬 · 틸트 장치가 필요한지를 결정하기 위해 근무자가 그들의 임무를 수행하는 아주 짧은 시간 내에 장치를 조작할 수 있는가를 결정해야 하며, 팬 · 틸트 장치의 선택을 결정하기 전에 비용과 신뢰성 및 효과 등을 검토하여 단순하게 고정 카메라를 여러 대 사용하는 것과 비교해 볼 필요가 있다.

소형 팬 · 틸트 장치와 카메라가 일체화 된 형태로 적용되기도 하며, 카메라의 팬 · 틸트 장치와 줌렌즈에 대해 위치추적 기능이 부가되어 그 위치 값을 사전에 기억했다가 해당 위치의 데이터 값을 수신하거나 입력하게 되면 자동으로 해당 위치 값을 찾아가는 프리셋(preset) 기능을 수행할 수 있다.

그리고 카메라 주변에 설치된 감지기와 연동하여 카메라가 자동으로 프리셋 되게 하는 기능을 수행할 수 있는데, 감지기가 작동할 때 사전 설정된 지역으로 카메라를 자동으로 회전시켜 근무자가 카메라를 조작할 필요 없이 침입상황이 발생한 지역을 빠르게 감시할 수 있다.

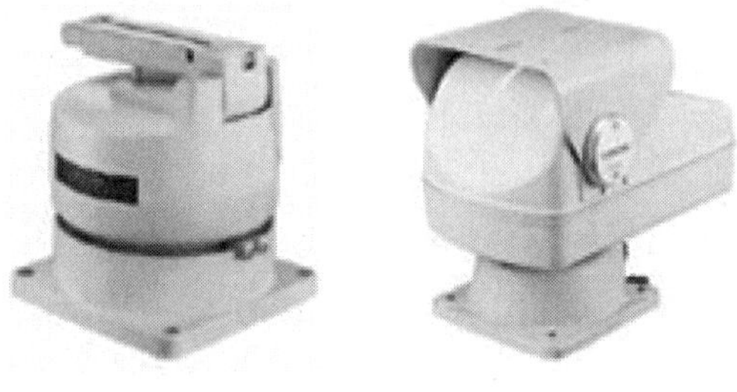

실내용 실외용

팬 · 틸트 장치 형태

(2) 영상녹화

영상녹화를 위해 DVR(Digital Video Recorder)이 많이 사용되고 있으며, DVR은 영상신호를 디지털신호로 변환하여 녹화하는 장치로, 디지털영상을 저장하기 위해 컴퓨터의 하드디스크 또는 메모리, CD, DVD 등을 사용할 수 있다.

DVR은 하드디스크 등의 다양한 저장매체에 영상을 저장하므로 많은 양의 영상을 저장할 수 있고, 하드디스크 등의 영상저장 매체의 수명이 길어 녹화된 영상을 재생하는 횟수가 증가하여도 깨끗한 화질을 얻을 수 있다는 장점 외에 다음과 같은 다양한 기능을 수행할 수 있다.

첫째, 녹화된 영상을 시간대별 또는 카메라별, 검색어 입력으로 쉽게 검색할 수 있다.

둘째, 별도의 장치 없이 내장된 소프트웨어로 여러 채널의 영상을 한 개의 모니터에서 분할된 화면으로 볼 수 있게 하는 영상분할 기능을 수행할 수 있다.

셋째, 침입감지기 및 화재감지기 등 각종 감지기와 연동하여 감지기가 작동할 때 녹화하거나 별도의 장치 없이 내장된 소프트웨어로 모니터 화면의 영상 변화를 감지하여 경보기나 경보등을 작동시켜 근무자의 주의를 끌어내어 모니터 화면을 주시할 수 있게 하는 움직임 감지(Motion Detection)기능을 제공하며, Motion Detection 기능이 작동할 때만 영상을 녹화할 수 있다.

넷째, 영상전송장치를 내장하여 원거리에 있는 지역으로 영상전송을 쉽게 할 수 있으며, 원격으로 카메라의 팬 · 틸트 · 줌 제어기능과 설비기기의 제어기능을 수행할 수 있다

이처럼 디지털 기술을 기반으로 하는 DVR은 영상녹화, 영상분할, Motion Detection 등의 기능에 지능형 영상인식과 목표물 추적 등 다양한 기능을 수행할 수 있는 하이브리드 장치로 변화하면서 CCTV의 핵심기술로 진화하고 있다.[29]

카메라에 인터넷 서버를 내장한 카메라를 'IP카메라'라 부르며, IP카메라를 '네트워크 카메라'로 부르기도 하는데, IP카메라의 영상을 녹화하기 위하여 NVR(Network Video Recorder)를 사용한다.

(3) 움직임 감지(Motion Detection)

CCTV시스템은 경비목적을 위해 적용할 수 있는 우수한 시스템이지만 근무자가 모니터를 주의 깊게 주시하지 않으면 현장상황의 변화를 놓칠 수 있다. 이상상황은 근무자가 모니터를 주의 깊게 주시할 때까지 기다려서 발생하지 않으므로 자칫 잘못된 자신감을 갖게 할 수 있다.

CCTV 모니터 영상은 단순하기 때문에 근무자를 지루하게 하여 모니터를 지속적으로 주시하기 어렵게 할 수 있기 때문에 움직임감지(Motion Detection) 기능을 사용하여 영상의 변화를 감지하여 경보함으로써 근무자가 모니터를 주시할 수 있게 할 수 있다. Motion Detection) 기능은 모니터 화면의 영상 변화를 감지하여 경보기나 경보등을 작동시켜 근무자의 주의를 끌어내어 모니터 화면을 주시할 수 있게 하거나 Motion Detection 기능이 작동할 때만 영상을 녹화할 수 있다.

(4) 지능형 영상인식 기술

Motion Detection기능은 영상변화를 감지하고 경보하여 근무자가 모니터에 집중할 수 있게 하는 효과를 증가시켜주고 있지만 단순한 영상변화를 인식할 정도의 수준으로 주변 환경변화에 따른 상황변화를 충분히 인식하지 못하고 있으며, 조명, 바람 등과 같은 환경적 요인으로 인한 영상변화에 의해 작동하므로 충분한 신뢰도를

29) 정태황 · 소승영, "기계경비시스템의 기술변화추세와 개발전망", 한국경호경비학회지, 제19호, 2009, p. 234.

주지 못한다.

이러한 단점을 보완하기위해 사람이나 물품에 대한 상황변화를 인식하여 경보할 수 있는 형태의 지능형 영상인식기술로 진화되고 있으며, 근무자가 감시해야 할 카메라의 수가 증가함에 따라 많은 카메라를 효과적으로 감시하기 위하여 지능형 영상인식기술이 적용되고 있다.

지능형 영상인식 기술은 피사체의 크기, 속도, 이동 등의 패턴 변화 등의 이상적인 영상변화를 지능적으로 인식하여 근무자에게 경보해 주는 기능을 제공하며, 경비업무를 위해 다음과 같은 여러 기능을 적용할 수 있다

첫째, 침입감지 기능

둘째, 배회 감지 기능

셋째, 방치 감지 기능

넷째, 화재 감지 기능

다섯째, 도난 감지 기능

여섯째, 출입자 계수 기능

일곱째, 자동차 번호판 인식 기능

여덟째, 얼굴인식 기능 등

(5) 개인영상정보보호

영상정보처리기기인 CCTV를 공개장소에서 설치 · 운영하기 위해서는 개인정보보호법에 따라 개인의 영상정보를 보호하여야 한다.[30] CCTV는 범죄예방 및 수사, 시설안전 및 화재예방, 교통단속 및 교통정보 수집 등 필요한 경우에 설치 · 운영할 수 있고, 불특정 다수가 이용하는 목욕실, 화장실, 발한실, 탈의실 등 개인의 사생활을 현저히 침해할 우려가 있는 장소의 내부를 볼 수 있도록 CCTV를 설치 · 운영하여서는 아니된다. 다만 교도소, 정신보건시설 등 법령에 근거하여 사람을 구금하거나 보호하는 시설 등에는 그러하지 아니한다.

CCTV운영자는 정보주체가 쉽게 인식할 수 있도록 설치목적 및 장소, 촬영범위 및 시간, 관리책임자 성명 및 연락처 등이 표시된 안내판을 설치하여야 한다.

30) 2011년 9월 30일부터 시행된 개인정보보호법에 따라 CCTV의 설치 · 운영에 관한 적용범위가 공공기관에서 민간으로 확대되어 적용되고 있다.

CCTV운영자는 CCTV의 설치목적과 다른 목적으로 CCTV를 임의로 조작하거나 다른 곳을 비춰서는 아니되며, 녹음 기능을 사용할 수 없다, 그리고 CCTV운영자는 개인정보가 분실 · 도난 · 유출 · 위조 · 변조 또는 훼손되지 아니하도록 안전성 확보에 필요한 조치를 하여야 하는 등 개인정보보호법에서 규정하는 여러 가지 규정을 준수하여야 한다.

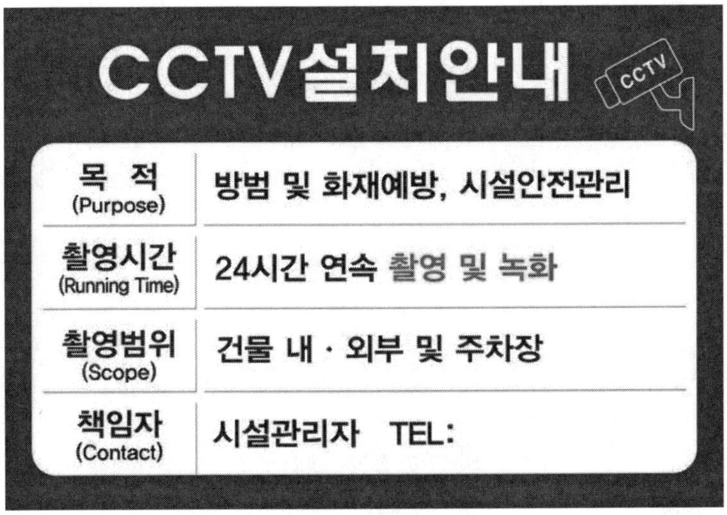

CCTV 설치 안내판의 형태

제3절 출입통제시스템 운영

1. 출입통제시스템의 구성체계

출입통제시스템은 인가된 사람과 인가되지 않은 사람을 식별하여 출입을 허용 또는 통제하는 시스템으로, 출입통제 기능을 수행하기 위해 인가된 사람을 식별하는 인식장치가 중요한 부분이다.

출입통제시스템은 인가된 사람을 식별하는 인식장치와 그 결정을 통제하는 제어장치(Access Control Unit), 그리고 문의 열림을 통제하는 문잠금장치로 구성되며, 출입상황의 관리 · 조회 · 통제 등을 위하여 관리서버를 운용할 수 있다.

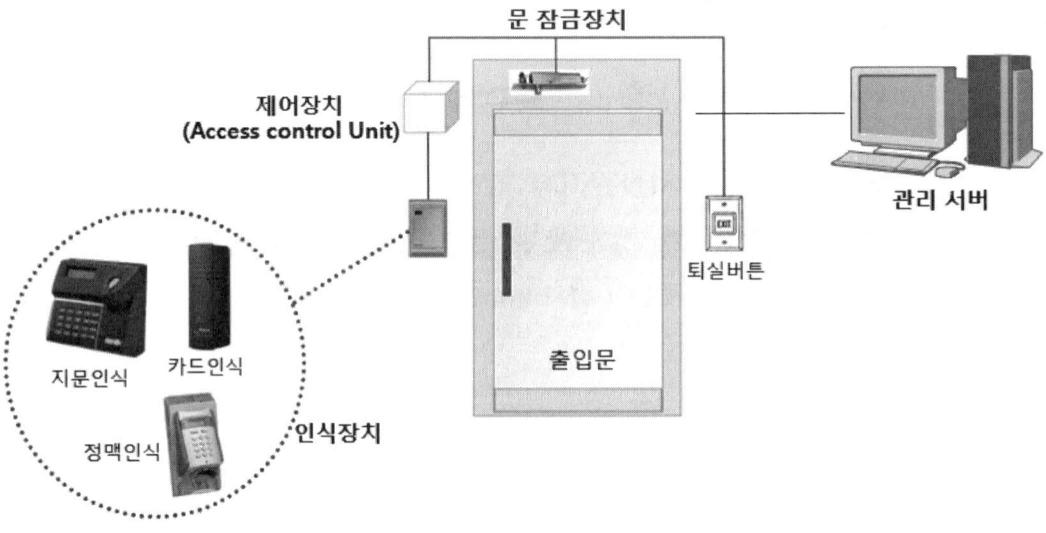

출입통제시스템 구성체계

출입통제장치의 인식장치에서 출입자를 인식하여 출입을 허용할 것인가를 자동으로 결정하여 출입문잠금장치로 알려주며, 출입문잠금장치는 제어장치가 결정한 출입허용 또는 출입거절을 시행하기 위해 문의 잠금을 해제하여 인가된 사람이 들어오게 하거나 문의 잠금 상태를 유지시켜 사람의 출입을 거절한다.

2. 출입통제시스템의 인식방법

출입통제를 위한 인식은 크게 3가지 방법으로 행해질 수 있다. 하나는 인식카드와 같이 인가된 사람에게 주어진 증표에 의한 방법이고, 다른 하나는 지문이나 얼굴, 홍채, 음성 등과 같이 사람의 신체적 특징을 이용하는 방법이며, 나머지 하나는 비밀번호를 사용하는 방법이다. 인식을 위해 주어진 증표나 신체적 특징, 비밀번호를 같이 사용할 수 있으며, 이처럼 2가지 이상의 인식방법을 함께 사용하는 방법을 다중인식이라 부른다.

일반적으로 인식의 안전성 확보를 위해 인식장치와 키보드를 같이 사용하게 되는데, 키보드는 숫자가 적힌 버튼에 여러 개의 마이크로 스위치를 연결한 전자·기계식 장치가 주로 사용되고 있다. 키보드 사용시 걱정되는 것은 인가된 사람이 사용할 때, 다른 사람이 그 암호를 알아내어 사용할 수 있다는 점이며, 키보드 번호판을 마개로 가려서 이러한 단점을 보완할 수 있다.

(1) 카드

플라스틱 카드는 출입통제시스템의 인식 증표의 한 형태로 가장 널리 사용되고 있으며, 카드 소지자의 인식이 가능하므로 '출입통제'라는 기능 외에 근태관리, 식수관리, 금융거래 등과 같이 부가적인 목적으로 사용되고 있다.

카드의 용도에 따라 카드 한 장에 마그네틱 띠, IC칩, RFID칩을 같이 내장하여 사용되는 경우가 많으며, 카드는 키와 마찬가지로 인가되지 않은 사람이라도 이를 소지하고 있는 사람에게 출입을 허용하거나 인가된 사람과 동일한 서비스를 받을 수 있어 안전장치가 미흡하다는 단점이 있다. 이를 보완하기 위하여 은행 현금인출기의 예와 같이 플라스틱카드와 키보드를 함께 사용하여 2가지의 분리된 인식방법을 조화시켜 안전을 보완할 수 있다.

RFID카드는 RFID칩을 내장한 카드로, 카드를 카드리더에 접촉하지 않고 주파수를 이용하여 서로 정보를 교환하는 방식으로 적용되며, 카드와 리더기 사이에 물리적인 접촉이 필요 없기 때문에 사용이 편리하고 카드의 손상이 상대적으로 적다.

RFID 카드의 형태

RFID는 실리콘 반도체 칩을 내장한 태그, 카드 등에 저장된 데이터를 무선주파수를 이용하여 리더에서 자동으로 인식하는 기술을 말하는데[31], RF카드는 카드와 카드리더와의 인식거리 내에서 비교적 빠른 속도로 정보가 처리되어 신속하고 편리하게 이용할 수 있으므로 출입통제 목적 외에 대중교통, 주차, 신분확인, 근태관리 등 여러 분야에서 적용되고 있다.

RFID의 무선인식 기능은 출입통제시스템에서 인가된 출입자를 인식하는 수단으로 사용되고 있으며, 출입이 인가된 사람의 직책이나 업무 등에 따라 출입등급을 세분화 하여 사람 및 차량의 출입을 구역별 · 개인별로 통제하여 출입통제효과를 높일 수 있다.

RFID가 지닌 인식 · 추적기능은 출입통제시스템과 연계하여 직원과 방문자의 등록, 신분확인, 출입 통제 및 관리, 보안인력 근무관리, 방문자 관리 등을 체계적이고 효율적으로 수행할 수 있으며, 방문자가 불필요한 지역에 진입하는 것을 통제할 수 있다.

(2) 생체인식

개인별 차이가 있는 신체적 특징을 출입통제시스템의 인식방법으로 이용할 수 있으며, 지문, 얼굴, 홍채, 정맥, 손모양, 음성, 필체 등의 신체 특징이 이용되고 있다. 사람의 신체 특징을 이용하는 생체인식은 '바이오인식'이라고도 불리며, 인식증표 보다 위조 또는 복제가 어렵고 편의성 향상과 첨단화로 인해 적용 범위가 확대되고 있다.

---

31) 조대진, 「RFID 이론과 응용」, 서울: 홍릉과학출판사, 2005. p. 2.

가. 지문인식

지문은 모양이 개인마다 다르고, 태어날 때 모습 그대로 평생 변하지 않는 특성이 있어 생체인식을 위한 수단으로 널리 사용되고 있다. 지문인식장치는 다양한 형태로 적용할 수 있고, 다른 생체인식장치에 비해 비용이 저렴하고 구조가 간단하다.

지문인식장치는 사용자의 편의성이 뛰어나 생체인식 수단 중 가장 많이 사용되고 있으나 사용자에게 거부감을 줄 수 있고, 여러 사람이 같이 장치에 접촉하여 사용함에 따른 위생상의 문제가 있다는 단점이 있으나 비접촉 지문인식 기술이 적용되고 있다.

생체가 아닌 모형물질로 지문인식장치를 속이는 것을 방지하기 위하여 지문인식 센서에는 일반적으로 전류를 흘리거나 맥박, 온도를 감지하는 기능이 추가되기도 한다. 일반적으로 출입을 위해 키보드나 인식카드를 사용하여 자신의 코드를 입력시키고 지문을 확인할 것을 요구하게 되며, 등록된 지문과 비교하여 출입통제 여부를 결정하게 된다. 만약 높은 수준의 보안을 원할 경우 두 개의 지문을 등록하여 사용할 수 있다.

우측 그림은 번호인식 기능이 있는 지문인식장치의 형태를 보여주는 것이다.

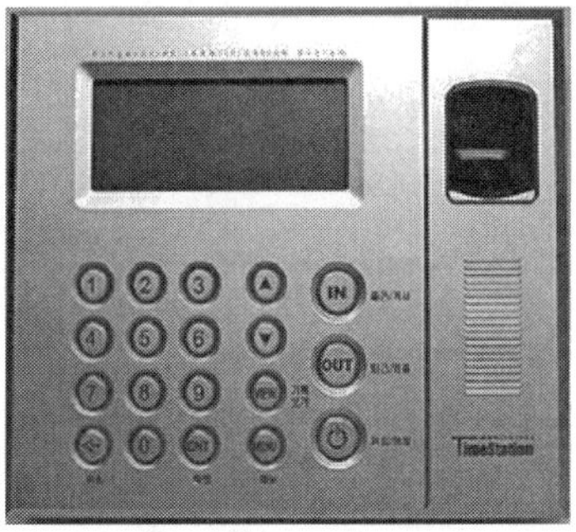

지문인식장치 형태

나. 얼굴인식

얼굴인식은 카메라로부터 얼굴 정보를 입력받아 필터링 과정을 거쳐 추출 및 표준화해서 인식하게 되는데, 갈수록 인식기술이 진화하고 있다. 지능형 영상인식기술이 얼굴인식기술에 적용되면서 높은 신뢰도를 받고 있으며, 특히 코로나 팬데믹 상황에서 열화상 기술과 접목하여 발열감지 기능을 제공하기도 하는 등 그 적용범위를 넓히고 있다.

얼굴인식은 비접촉으로 자연스럽게 확인할 수 있는 장점이 있으나 얼굴인식은 얼굴의 각도, 표정, 조명, 포즈, 표정 등에 취약하다는 단점이 있는데, 기존의 얼굴인식방법과 다른 3D 얼굴인식기술은 얼굴표면의 3차원 이미지를 캡쳐해 얼굴의 뚜렷한 특징을 이용

얼굴인식장치 형태

하는데, 여러 각도에서 조명할 수 있고 전체얼굴을 커버하는 새로운 방법으로 정확도가 높고 처리가 빠르며, 사용이 편리하다.

다. 홍채인식

사람의 홍채는 태어난 후 약 18개월 내에 모양이 생성되고 일생동안 모양이 쉽게 변하지 않는 특징이 있어서 생체인식 수단으로 사용된다. 홍채인식은 눈에 적외선을 조사하여 검은 동공과 흰자위 사이에 존재하는 링 형태의 홍채 무늬 패턴을 코드화해서 사용자를 인식하게 된다. 다만 홍채패턴을 입력하기 위해 눈에 적외선을 조사하므로 사용자 측면에서는 심리적 부담으로 작용할 수 있다는 단점이 있다.

홍채인식장치의 형태

라. 장문인식

장문인식은 손가락 길이와 손바닥의 차이, 정맥 등을 분석하여 인식하는 방법으로, 출입을 위해 인식카드나 키보드를 통해 자기인식코드를 입력시킨 후 장문인식장치 위에 손바닥을 올려놓으면 카메라에 나타나는 손의 모양을 등록된 것과 비교하여 출입허용 여부를 결정하게 된다.

장문인식장치도 지문인식장치와 마찬가지로 여러 사람이 같이 접촉하여 사용함에 따른 위생상의 문제가 있다는 단점이 있으나 비접촉 인식기술이 적용되기도 한다.

장문인식장치의 형태

마. 기타 생체인식

손등의 정맥을 이용하는 방법이나 음성을 사전에 녹음시켜 놓았다가 출입을 원할 때마다 인식장치 앞에서 소리를 내어 녹음된 목소리와 대조하여 출입허용을 결정하는 음성인식방법, 서명할 때의 압력과 속도를 측정하여 인가된 출입자를 확인하는 필체 인식방법 등을 사용할 수 있다.

3. 출입문의 형태

(1) 플랩형 스피드게이트

스피드게이트(Speed Gate)는 시큐리티게이트(Security Gate) 라고도 불리며, 여러 형태로 운영된다.

플랩형 스피드게이트는 스피드게이트라 불릴 정도로 잘 알려져 있는 출입문으로 출입통제시스템을 구성하는 주요장치로 적용되고 있다. 스피드게이트는 일정한 경계구역을 형성하여 인가되지 않은 사람이 시설로 들어가려는 것을 물리적으로 통제할 수 있어 출입통제효과를 높일 수 있을 뿐 아니라 출·퇴근 시간과 같이 많은 사람이 동시에 출입이 이루어지는 상황에서도 큰 불편 없이 출입자를 통제할 수 있고, 소수의 보안인력으로 많은 출입자를 효과적으로 통제할 수 있다.

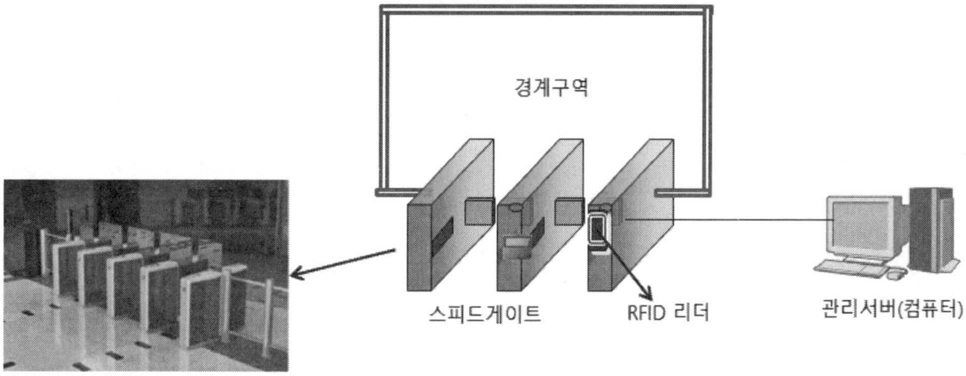

플립형 스피드게이트의 형태

특히 스피드게이트는 무선인식 기능이 있는 RFID기술과 결합하여 편리성과 보안성을 높일 수 있으며, 인가되지 않은 사람이 인가된 사람을 따라갈 경우 센서가 이를 감지하여 출입문을 통제하게 된다.

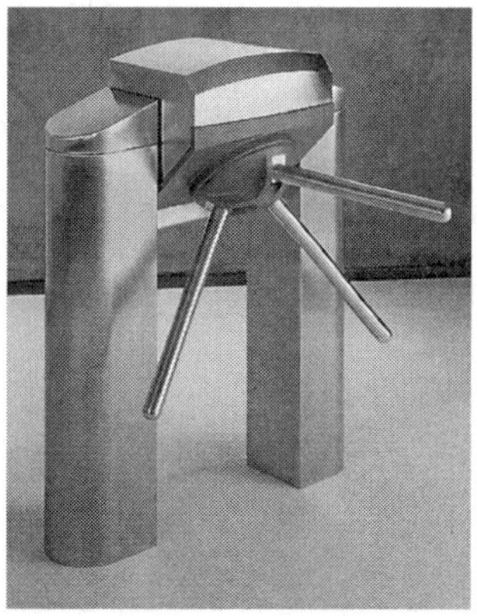

턴스타일 게이트의 형태

(2) 턴스타일 게이트

턴스타일 게이트는 한사람씩 출입할 수 있게 설계된 스피드게이트의 형태로 플랩형 스피드게이트처럼 출입자가 쉽게 넘어갈 수 있으므로 이를 예방하기 위하여 보안인력이 주시하면서 불필요한 사람의 출입자를 통제할 수 있어야 한다. 그렇지 않다면 비교적 많은 사람이 공용으로 사용할 수 있고, 출입통제 수준이 낮은 전철이나 놀이공원 등과 같은 시설의 개찰구 등에서 적용할 수 있다.

(3) 회전문

회전문은 90도를 기준으로 잠금장치를 할 수 있으며, 한 방향으로만 출입을 허용하기 위해 사용되기도 한다.

구조상 한 명씩 출입할 수 있도록 자연스럽게 통제할 수 있으며, 회전문을 사용하여 출입자를 통제하는 방법은 보기보다 우수하다. 회전문은 유리 또는 철재봉을 사용하는 경우가 많은데, 출입이 허용되지 않은 사람을 쉽게 확인할 수 있으므로 보안인력이 현장에 있는 상태에서 출입통제 장치와 함께 사용되는 것이 이상적이나 철재봉과 같은 재질을 사용한 회전문을 사용할 경우, 보안인력 없이 운용할 수 있다. 회전문을 피하는 것은 아주 어려우나 이를 설치하기 위한 공간이 다른 출입문에 비해 많이 필요하며, 출입이 허용된 사람도 철재형 회전문의 외형적 중압감 때문에 싫어하는 경향이 있다.

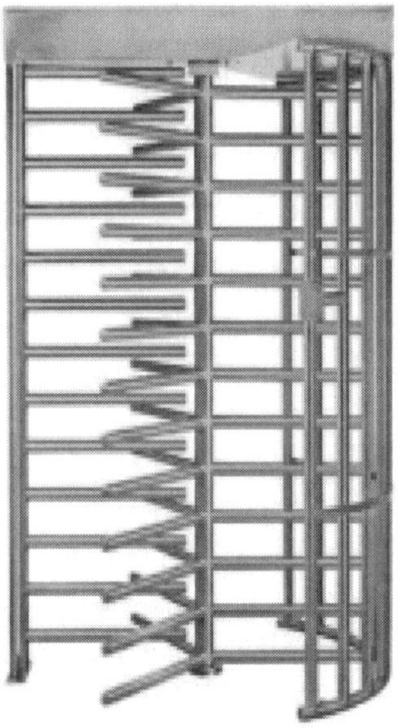

철재회전문의 형태

4. 출입통제시스템 운영

사람이나 차량의 출입통제기능을 수행하기 위해서는 출입이 인가된 사람 또는 차량을 식별하기 위한 인식장치의 선택이 중요하다. RFID카드는 사용이 편리할 뿐 아니라 비교적 많은 정보를 저장할 수 있고, 보안성이 우수하여 많이 사용되고 있으며 보안성과 신뢰성이 향상된 생체 인식장치의 적용이 증가하고 있다. 생체인식장치로는 지문인식장치가 가장 많이 적용되고 있지만 지문인식보다 사용이 편리한 얼굴인식장치를 선호하고 있으며, 홍채인식 인식장치가 적용되기도 한다.

출입통제시스템과 함께 출입자가 휴대한 물품이나 반입되는 물품을 검색하기 위하여 X-ray 검색기 및 금속탐지기가 함께 적용되는 경우가 많으며, 일정한 경계구역을 형성할 수 있는 플랩형 스피드게이트(Speed Gate)가 적용되기도 한다. 특히 출입자의 출입등급을 구분하여 구역별 또는 개인별로 출입을 통제하는 방식을 적용하여 특정시설에 출입하는 것을 제한할 수 있으며, 이를 위해 여러 가지의 인식장치를 복합적으로 사용할 수 있다.

경비업무는 인원과 차량의 출입통제와 반입・반출 물품의 통제를 기반으로 이루어진다고 할 수 있으며, 따라서 위협요소가 시설이나 시설 내의 보호대상에 접근하는 것을 통제하는 것이 중요하다. 출입통제를 위해 기본적으로 튼튼한 울타리와 벽, 튼튼한 출입문과 잠금장치가 필요하며, 특정한 시설로 무단 진입하는 것을 효과적으로 통제하기 위해 바리케이드 등과 같은 장애물을 활용할 수 있다.

출입통제는 보안인력에 의해 주도되지만 출입통제시스템이나 보안검색장비 등을 사용하여 출입통제효과를 높일 수 있고, 보안인력을 최소화 하고 경제적인 출입통제 기능을 이룰 수 있다. 경우에 따라 출입통제시스템을 보완하기 위하여 CCTV, 침입경보시스템 등을 같이 운용할 수 있으며, 시설로 진입하는 이동통로나 출입통로 최소화하거나 가능하면 단일화 하는 것이 효율적인 출입통제를 위해 필요하다.

5. 출입통제 강화

가능한 외부인이 대상시설로 출입하는 것을 제한하는 것이 필요하며, 방문자가 시설로 출입하는 것을 최소화하기 위해 별도의 장소(면회소)를 마련하여 방문목적을 달성하게 하는 것이 좋다. 방문객 통제를 위하여 방문자는 식별가능하고 임직원과 구별되는 출입증을 이용하게 하고, 시설로 출입가능한 방문객을 사전에 선정하여 출입을 인가하는 것이 필요하다. 이를 위하여 방문자의 방문시간과 출입가능한 장소를 사전에 정하는 방문예약제를 적용할 수 있으며, 특별한 방문자의 경우 안내자를 배정하여 방문자가 방문목적을 달성하고 방문과 관계없는 불필요한 지역을 가지 못하게 통제하는 것이 필요하다.

사람이 주도했던 출입통제를 전자적 기능의 출입통제시스템에 의존하는 형태가 보편화되고 있지만 효율적인 통제를 위하여 보안인력과 출입통제시스템이 조화를 이루어 서로 보완적인 근무체계를 구축할 수 있어야 한다.

더 높은 보안수준이 요구되는 장소의 출입을 통제하기 위하여 출입통제시스템과 함께 신뢰성이 더 높은 인식방법을 사용하고, 보안인력을 같이 운영함으로써 출입통제를 강화할 수 있다. 그리고 출입문에 설치된 CCTV 카메라와 인터폰을 통해 상황실 근무자가 출입자의 신원을 직접 확인하여 원격으로 출입문을 통제하는 방법을 사용할 수 있다.

달리 출입문을 이중으로 설치하여 출입통제시스템이 설치된 1차 문과 2차문 사이에 공간을 두고, 1차 출입문을 통과한 후 2차 출입문을 통과하기 전에 2개의 출입문 사이에 있는 공간에 출입자가 2명 이상이 있는 것을 방지하기 위하여 이를 감지할 수 있는 감지기를 설치할 수 있다.

인가되지 않은 사람이 반복적으로 출입통제시스템을 피하는 것을 방지하기 위하여 건물 내의 취약한 장소의 입구에 출입통제시스템을 추가로 설치하여 사용할 수 있으며, 추가로 설치되는 출입통제시스템의 인식방법은 건물 입구에 설치된 것과 다르게 하는 것이 효과적이다. 추가로 설치되는 출입통제시스템은 사용이 번거롭지 않고 인가된 사람이 신속하고 자유롭게 이동할 수 있는 인식방법을 사용하는 것이 좋다. 이렇게 함으로써 보안수준이 낮은 건물 내의 장소에서는 별도의 통제없이 출입이 허용되지만 건물 내에서 추가로 출입통제가 요구되는 지역의 경우, 꼭 필요한 사람만 출입할 수 있도록 제한할 수 있다. 출입제한이 필요한 지역은 제한구역 또는 통제구역을 설정하여 별도로 통제하는 방법을 적용할 수 있다.

외부에서 시설 내부에 이르는 과정에서 시설로 진입하는 인원과 차량을 일괄적으로 통제하는 것보다 시설 내부로 진입하는 과정에서 개인의 출입등급에 따라 구역별 개인별로 통제함으로써 보다 높은 수준의 출입통제가 가능하다.

6. 차량돌진방어장치 운영

외곽에서 시설로 돌진하는 차량의 진입을 막기 위해 여러 형태의 장치를 사용할 수 있으며, 시설의 특성에 맞게 적절한 형태의 장치를 선택하게 되며, 로드블록, 볼라드, 바리게이트 등을 적용할 수 있으며 차량돌진방어를 위해 볼라드를 사용한 형태이다.

볼라드의 형태

차량돌진방어를 위해 사용되는 로드블록은 제조상에 따라 차이가 있지만 작동하는데 3~4초 정도 소요되므로 출입차량통제 형태에 맞게 선택되고 사용되어야 된다.

로드블록의 형태

제4절 외곽 침입감지시스템 운영

1. 외곽 침입감지시스템의 운영 개념

외곽 침입감지시스템은 시설의 외곽에 설치된 벽이나 울타리 등을 통한 침입상황을 감지하고 경보하기 위해 많이 사용되므로 울타리감지시스템 또는 외곽감지시스템으로 불리기도 하며, 현장에 설치된 감지기에서 발생한 경보신호를 상황실과 같은 특정한 장소에서 수신하여 침입상황에 대응하게 해준다. CCTV를 울타리 주변에 설치하여 외곽감지시스템의 경보상황을 확인함으로써 울타리감지시스템의 신뢰성을 높일 수 있다. 경보신호는 모니터 상에서 문자와 소리 형태로 표시되는 방법이 많이 사용되며, 관제서버를 통해 경보상황의 관리 · 조회 등의 기능을 수행하게 된다.

아래의 그림은 로컬시스템 형태로 운영되는 외곽침입감지시스템의 운영체계를 보여주는 것으로, CCTV를 같이 운영하는 형태이다. 외곽 울타리에 설치된 감지기에서 경보신호가 발생하면 현장상황실에서 경보신호를 수신하여 경보상황을 현장 보안요원에게 통보하고 보안요원에 의해 대응이 이루어지는 형태이다.

외곽감지시스템의 운영형태

2. 외곽감지센서

울타리를 통한 침입을 감지를 위해 사용할 수 있는 감지기의 종류는 다양하며, 새로운 형태의 감지기들이 등장하고 있다. 외곽감지 센서는 울타리에 설치하는 형태와 땅에 매설하는 형태, 공간을 감지하는 형태로 적용되며, 많이 사용되는 울타리 감지 센서는 다음 표와 같다.

구 분	센서 종류
울타리설치형 센서	장력 센서, 광케이블 센서, 광망 센서, 전계 센서, 자력케이블 센서, 진동 센서
지반매설형 센서	광케이블 센서, 지중청음 센서
공간감지형 센서	마이크로웨이브 센서, 마이크로웨이브레이더 센서, 적외선 센서, 음향감지 센서

(1) 장력 센서

장력 센서는 침입행위에 의한 장력 변화를 감지하여 경보신호를 발생하는 센서로 울타리에 설치된 철선형태의 감지기에 오르는 행위나 절단 등에 의한 장력의 변화를 감지한다.

장력 센서는 장력을 감지하기 위한 철선을 울타리 상단부에 설치하거나 울타리 자체를 센서로 사용할 수 있다. 장력 센서는 기후 및 소동물에 의한 영향이 적으나 설치가 까다롭고 유지비용이 많이 소요된다는 단점이 있으며, 장력을 유지하기 위한 적절한 관리를 하지 못하면 오작동 발생 가능성이 높아진다. 장력 센서는 일정 이상의 하중에 의한 장력변화만을 감지할 수 있도록 조정하여 사용함으로써 자연적으로 발생 가능한 장력변화에 의한 영향을 줄일 수 있다. 다음 그림은 울타리의 철선 자체가 장력 센서로 사용된 형태를 보여주는 것이다.

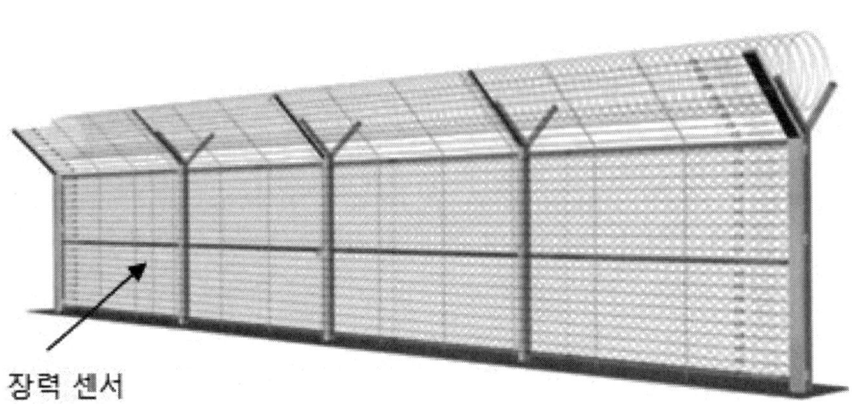

장력 센서의 형태

(2) 광케이블 센서

광케이블 센서는 광섬유의 한족 끝에서 다른 끝으로 파동을 전달하고 외부의 요인에 의해 광섬유의 광원이 굴절되거나 산란되는 것을 감지한다.

광케이블 센서의 형태

광케이블 센서는 주로 울타리에 부착하여 사용하며, 침입자에 의해 발생하는 진동이나 절단, 압력 등에 의해 광케이블의 심선 변형에 의해 심선을 통하여 한쪽에서 투광하고 다른 쪽에서 수광하는 빛의 양이 달라지는 것을 감지하여 경보한다.

광케이블 감지기는 비나 바람, 동식물에 의한 장애가 적으며, 낙뢰에 강하다. 광케이블 센서는 수명이 길고 설치가 용이하며, 시스템의 비용이 많이 소요되는 편이다. 그리고 광케이블 센서는 땅에 묻어서 사용하기도 한다.

(3) 광망 센서(Optic Fiber Cable Net Sensor)

광망 센서는 광섬유로 만들어진 그물망 형태로 구성되어 있으며, 주로 침입행위로 인한 케이블의 절단이나 기어오르는 행태를 감지하여 경보신호를 발생한다. 광망센서는 울타리 및 담장 위 등에 설치하여 광섬유의 심선에 적외선 레이저를 입사하여 광섬유를 통과한 레이저광을 수신하고 있다가 담장을 침입할 때 끊어지기 쉬운 광섬유를 절단하게 되면 경보를 발하게 된다. 광섬유가 절단되면 반사광을 분석하여 이상 징후와 이상 위치도 원격으로 탐지할 수 있으며, 광망 센서는 광케이블 센서와 유사한 특성을 가지고 있다.

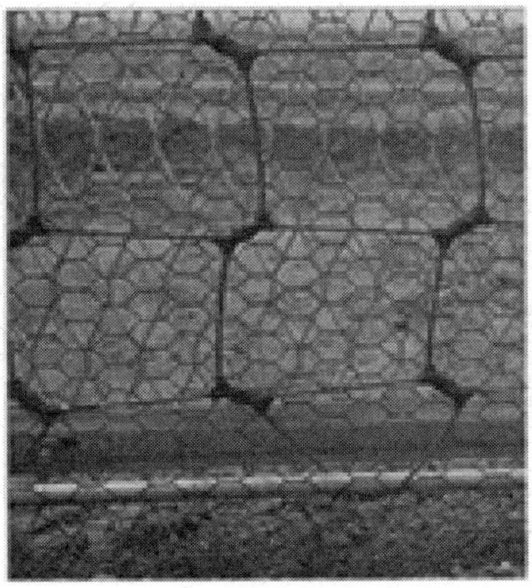

광망 센서의 형태

(4) 자력식 케이블 센서

자력식 케이블 센서는 센서케이블 내의 자석 사이를 통과하는 도체가 진동이나 충격에 의해 발생한 기전력의 변화를 감지하여 경보신호를 발생시키며, 절단 형태도 감지한다.

자력식 케이블 센서의 형태

(5) 적외선 센서

적외선 센서는 적외선을 발생하는 송신기와 이를 받아들이는 수신기 사이에 형성된 적외선 빔을 침입자가 차단했을 때 경보신호를 발생한다.

적외선 센서는 동물이나 안개, 폭우, 눈, 먼지 등에 의해 영향을 받을 수 있으므로 환경적 영향을 고려하여 설치하여야 하며, 특히 적외선 센서는 잡목 등과 같이 적외선 빔의 진행을 방해할 수 있는 장애물이 없는 곳에 설치되어야 한다. 그리고 적외선 센서기를 피하기 위하여 적외선 센서의 아래나 위로 침입할 수 있으므로 이를 방지하기 위하여 여러 개의 적외선 센서를 겹치게 설치하는 것이 좋다.

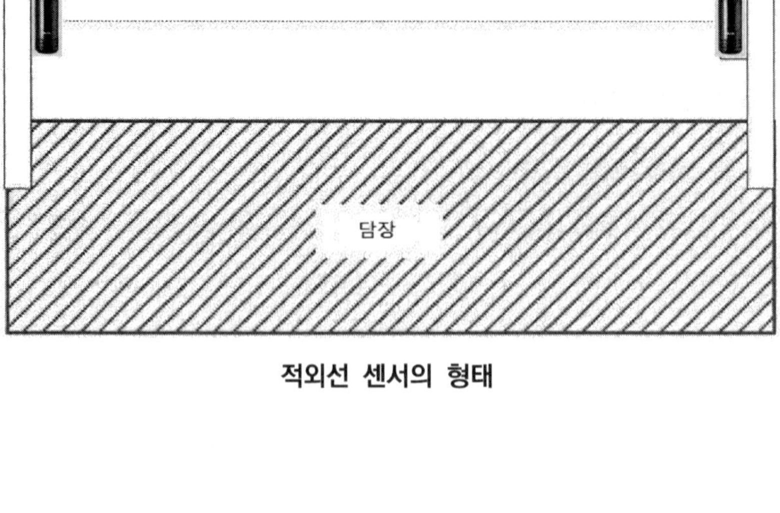

적외선 센서의 형태

(6) 마이크로웨이브 센서

마이크로웨이브 센서는 송신기와 수신기 사이에 형성된 마이크로웨이브 빔이 침입자에 의해 차단될 때 경보신호를 발생시키며, 주로 일정 공간에 설치하여 침입자를 공간감지 형태로 감지한다. 마이크로웨이브 센서는 '마이크로웨이브 펜스 센서'라 불릴 정도로 울타리 감지를 위해 많이 사용된다. 다음 그림은 마이크로웨이브 감지기의 공간감지 형태를 보여주는 것으로, 마이크웨이브 빔을 발생하는 송신기와 마주보게 설치된 수신기 사이에 형성된 입체적인 형태의 마이크로웨이브 빔 사이에 침입자가 위치하게 되면 경보신호를 발생하게 된다.

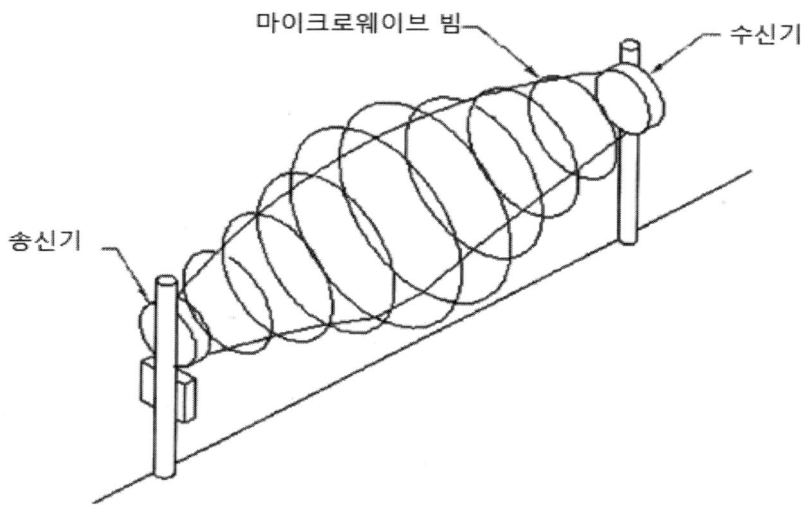

마이크로웨이브 센서의 감지형태

마이크로웨이브 센서의 침입감지 원리는 적외선 센서와 거의 동일하며, 마이크로웨이브 송신기와 수신기가 마주 보는 형태와 달리 마이크웨이브 송신기와 수신기가 같은 방향을 보는 레이더 원리로 작동하는 센서도 사용하고 있는데, 이를 '마이크로웨이브 레이더 센서'라 부른다.

마이크로웨이브 센서는 제작사에 따라 모형이 다르며, 다음 그림은 마이크로웨이브 센서의 한 형태를 보여준다.

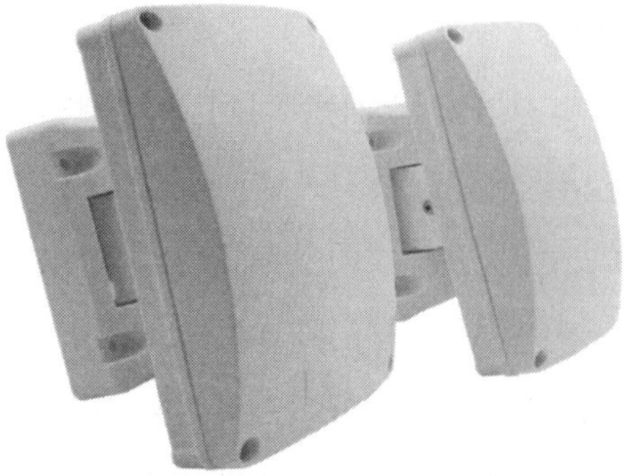

마이크로웨이브 센서의 형태

제5절 보안검색장비 운영

1. 보안검색장비 운영개념

경비목적 달성을 위해 이루어지는 가장 중요한 업무는 보호가 요구되는 시설로의 출입자와 차량 외에 반입되거나 반출되는 물품을 통제하는 것으로 주요한 자산이 외부로 유출되는 것을 방지하고, 위험한 물품이 시설로 반입되는 것을 방지할 수 있어야 한다.

시설로 출입하는 사람이 휴대한 물품을 검색하기 위하여 X-ray 검색기 및 금속탐지기를 운용할 수 있으며, 몸에 휴대하거나 가방에 은익하거나 다른 부속품에 은닉하는 등 물품을 반입·반출할 수 있는 방법도 다양하므로 물품검색방법도 다양해야 한다.

사람이 휴대하여 반출·반입되는 물품을 가장 효과적으로 검색하는 방법은 사람의 신체를 더듬거나 휴대품을 직접 개방하여 검색하는 것이지만 사람을 직접 검색하는 것은 검색당하는 사람을 당황하게 하거나 거부감을 줄 수 있으며, 자칫 보안인력과 출입자 사이의 분쟁을 초래할 수 있다.

사람을 검색하는 것은 아주 신중하게 고려되어야 하며, 사람을 대신하여 X-ray 검색기와 금속탐지기 등의 검색장비를 활용할 수 있다. 다만 금속탐지기는 금속성 물질만을 탐지할 수 있으므로 비금속성 물품검색을 위해 X-ray 검색기를 이용하는 것이 효과적이다.

2. X-ray검색장비 원리

시설로 반입되는 위험물품을 검색하거나 시설 외부로 반출되는 중요한 물품을 검색하기 위해 널리 사용되고 있는 장비 중 하나가 X-ray 검색기이다. X-ray 검색기는 검색대상 물품의 밀도 차이를 구분하여 판독하는 방법에 물질의 성분을 구분하여 판독하는 방법을 추가하여 사용하는 경우가 많으며, 다음의 첫째 방법과 셋째 방법을 같이 사용하는 형태가 많이 적용된다.

첫째, X선 빔이 검색대상물질을 관통하여 검출기에 형성된 형상을 구분하는 방법

둘째, X선 빔이 검색대상물질로부터 산란되고 반사되어 검출기에 형성된 형상을 구분하는 방법,

셋째, 검색대상물질의 소재를 구분하고 색상을 부여하여 판독하는 방법이 있다.

X-ray 검색기의 검색 방법은 발전하고 있으며, 발전된 새로운 형태의 X-ray 검색기는 가방 속에 든 내용물을 입체적으로 투시한 입체 영상을 제공하여 더욱 세밀한 검색을 할 수 있게 한다.

(1) 관통식 검색

관통식 검색방법은 다음 그림처럼 X선 발생기(X-ray Generator)에서 발사된 X선 빔이 검색대상 물질을 관통하여 검출기(Detector)에서 형성된 형상을 모니터에 영상형태로 보여주는 방법으로, 검색의 정밀도가 높아 가장 많이 이용된다.

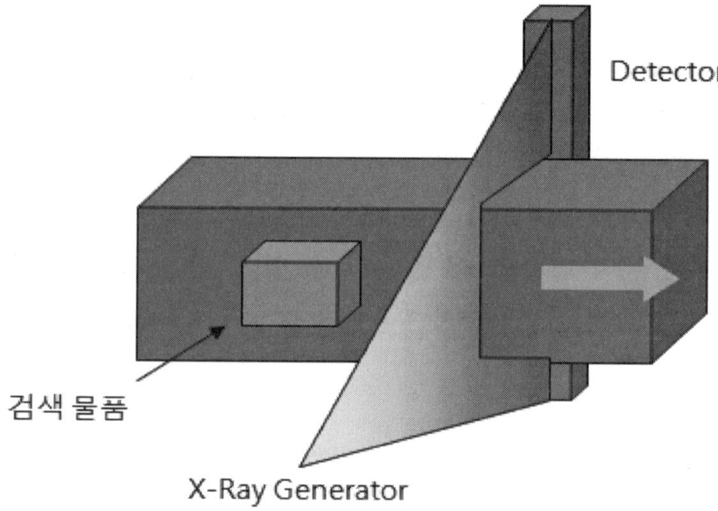

관통식 X-ray 검색장비 투사원리

다음 그림은 관통식 X-ray 검색방법을 이용한 검색기의 모니터에 형상된 영상을 보여주는 것으로 물품의 밀도차를 구분하여 형성된 영상을 보여주고 있다.

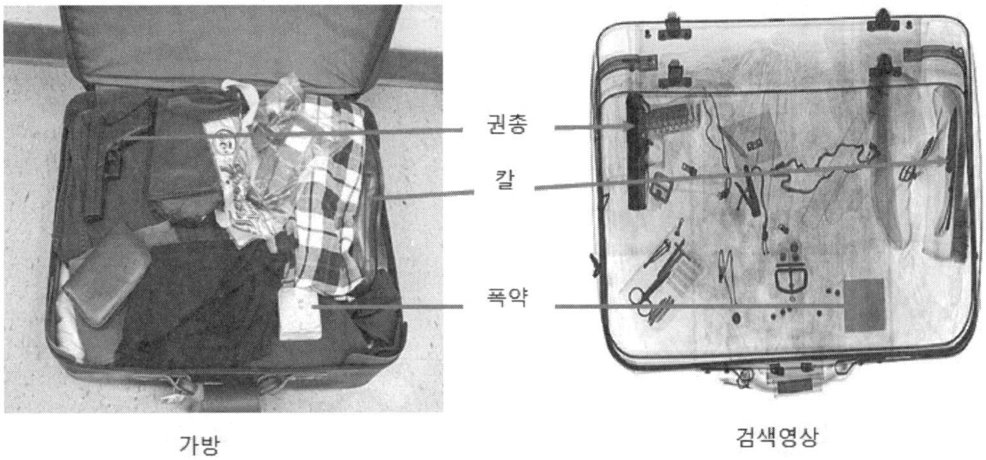

X-ray검색장비 이미지

(2) 산란식 검색

산란식 검색은 X선 발생기(X-ray Generator)에서 발사된 X선 빔을 검색대상물품에 투사하여 대상 물질에서 산란되고 반사되어 검출기에 형성된 것을 모니터를 통해 영상 형태로 보여주는 방법이다.

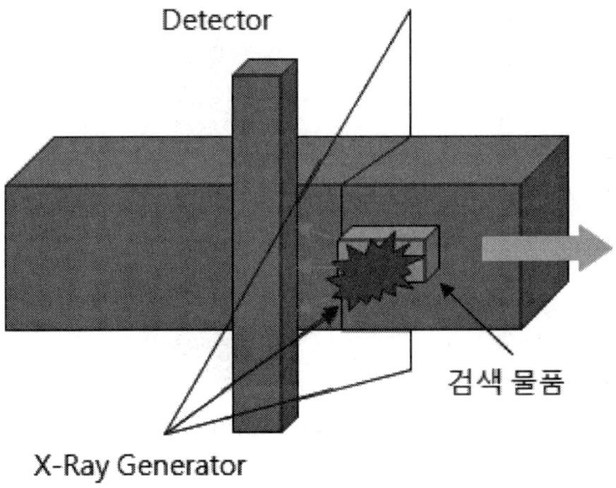

산란식 X-ray 검색방법

(3) 색상에 의한 구분

X-ray 검색기에서 검색대상물품이 영상의 형태로 표시될 때 나타나는 색상은 검

색물품의 소재에 관한 특성을 나타내며, 이로써 보다 편리하고 효과적으로 검색할 수 있게 하는데, 표시되는 색상은 다음과 같이 구분할 수 있다.

① 오렌지색은 의류, 비누, 종이 등과 같은 유기소재를 표시하며, 보통 저밀도의 물질에 해당하는 경우가 많다.
② 청색은 철이나 구리 등과 같이 금속소재를 표시하며, 보통 고밀도의 물질에 해당하는 경우가 많다.
③ 녹색은 유리, 알루미늄이나 금속소재와 유기소재가 겹쳐있는 경우를 표시하며, 보통 중밀도에 해당하는 경우가 많다.
④ 흑백은 물질의 정보를 알 수 없을 때 표시하게 되며, 명암의 차이로 구분하는 경우이다.

예를 들어 스프레이의 경우, 철성분과 유기물, 혼합물이 복합적으로 구성되어 있으므로 철성분인 스프레이 통은 청색으로, 스프레이 통의 플라스틱 덮개는 오렌지색으로, 그리고 스프레이 내용물과 스프레이 통이 겹치는 부분은 녹색으로 표시된다.

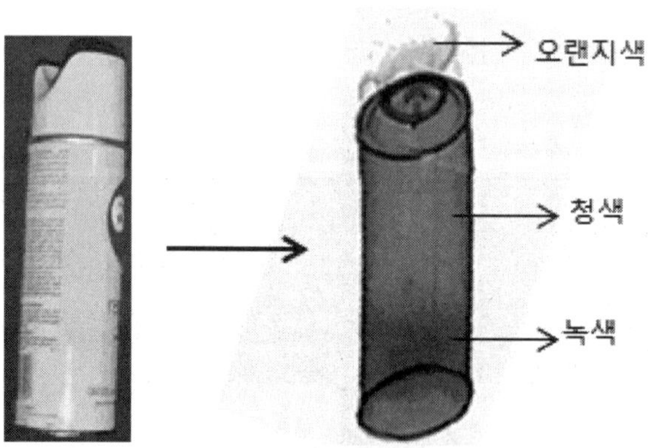

스프레이 검색 이미지

2. X-ray검색장비 주사방식

X-ray 검색장비의 주사방식이란 검색장비의 용도에 따라 장비의 설계가 결정된다. 화물의 검색방식, 크기 등에 따라 검색장비의 구조가 결정되며, X-ray 발생장치

의 위치에 따라 영상의 선명도 및 영상의 크기가 달라지게 되는데, X-ray의 방출방향을 주사방식이라 할 수 있다.

X-ray 검색장비의 영상은 발생장치에 근접할수록 영상이 크게 나타나며, 투과력의 성능이 좋아지지만 해상도는 상대적으로 낮아질 수 있다.

가. 수직 상향 주사방식

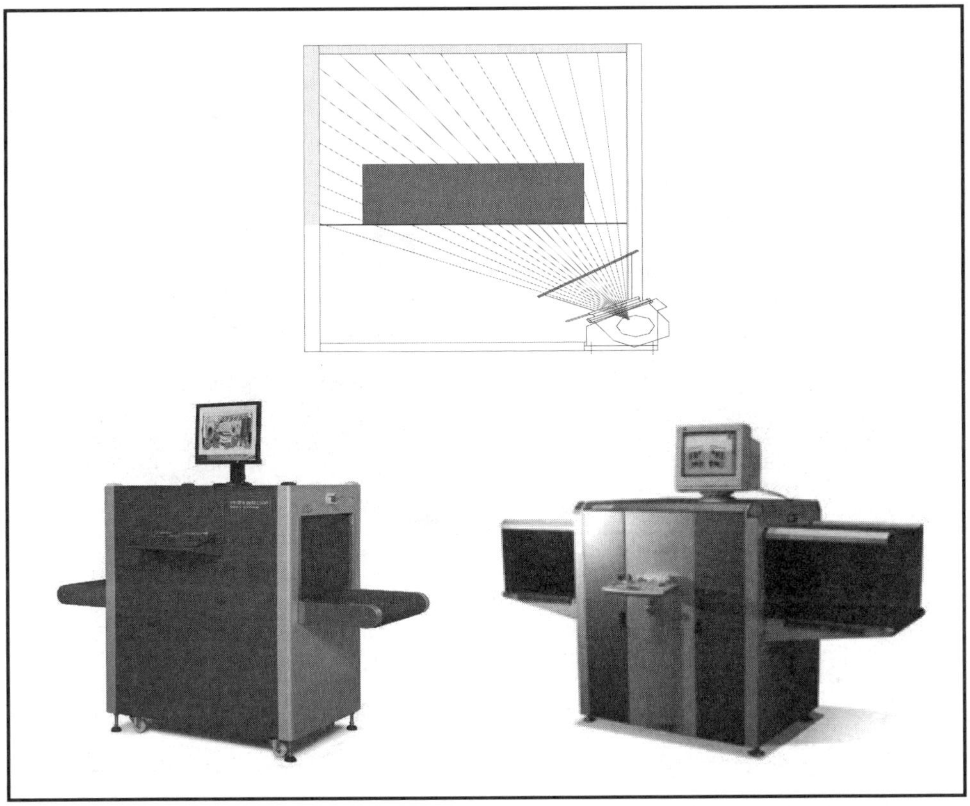

수직상향 주사방식은 X-ray 검색장비의 X-ray 발생장치가 장비의 하단에 위치하는 방식으로 X-ray 검색장비의 발생장치가 장비의 하단에 있기 때문에 컨베이어의 높이가 60~ 80Cm의 높이에 위치하며, 주로 휴대물품 수하물용으로 많이 사용된다.

○ 장 점 : 초기 영상이 크며, 투과력 및 해상도가 다른 주사방식보다 크다고 할 수 있다.

○ 단 점 : 컨베이어의 위치가 다소 높아 무거운 짐을 올리기에 불편할 수 있다.

나. 수직 하향 주사방식

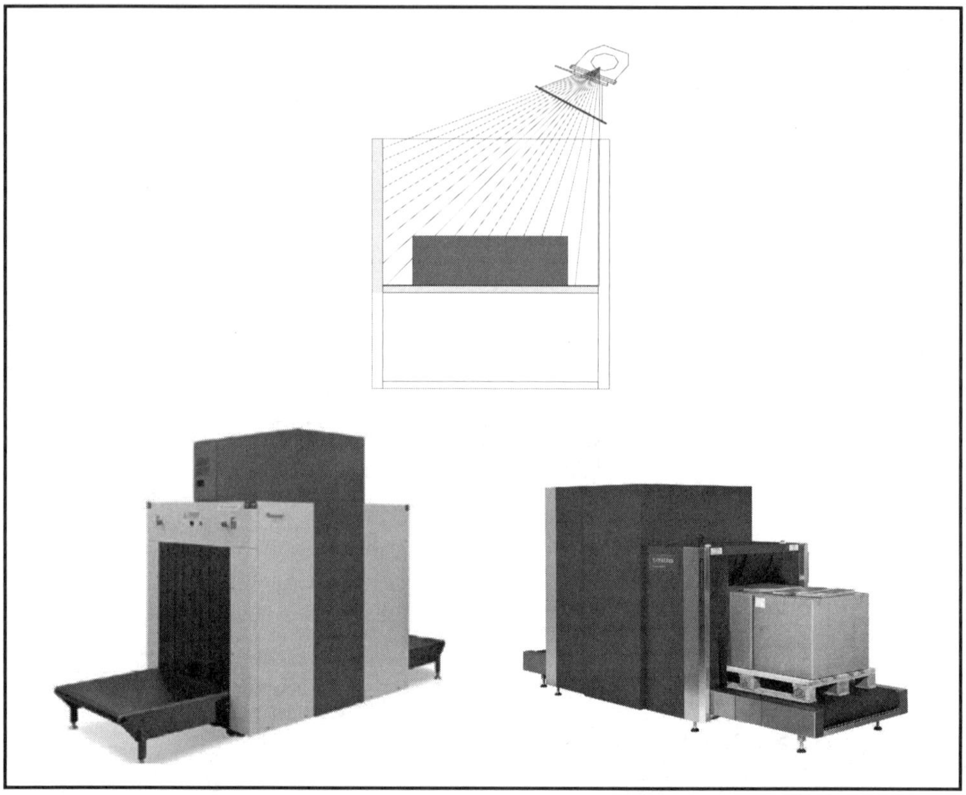

수직하향 주사방식은 X-ray 검색장비의 X-ray 발생장치가 장비 상단에 위치하는 방식으로 컨베이어의 높이가 낮으며 위탁수하물 또는 화물용으로 많이 사용된다.

○ 장 점 : 컨베이어의 위치가 낮아 중형 또는 대형 화물의 검사가 용이하다.

○ 단 점 : X-ray 검색장비의 발생장치가 상단에 위치하고 있어 상대적으로 투과력 및 해상도가 떨어진다.

다. 수평 상향 대각선 주사방식

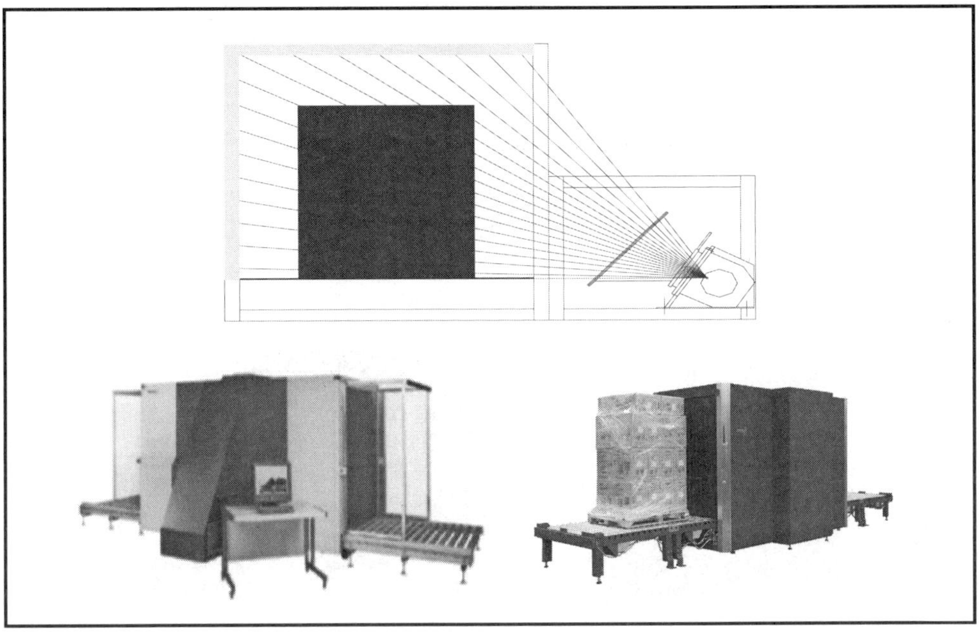

수평상향 대각선 주사방식은 X-ray 검색장비의 발생장치가 장비 측면에 위치하는 방식으로 컨베이어의 높이가 낮으며, 화물용으로 많이 사용된다.

○ 장 점 : 컨베이어의 위치가 낮아 대형 또는 항공화물에 적합하다.

○ 단 점 : X-ray 검색장비의 발생장치가 터널과 멀리 떨어져 있기 때문에 투과력 및 해상도가 떨어진다.

라. 수직하향, 수평 상향 대각선 주사방식(양방향)

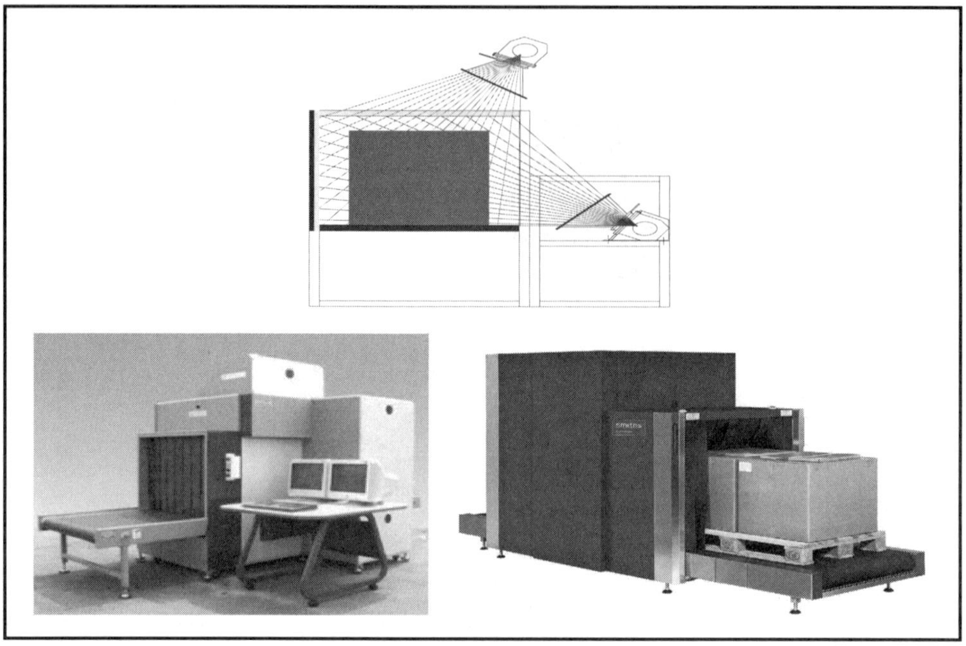

마. 수직상향, 수평상향 대각선 주사(양방향)

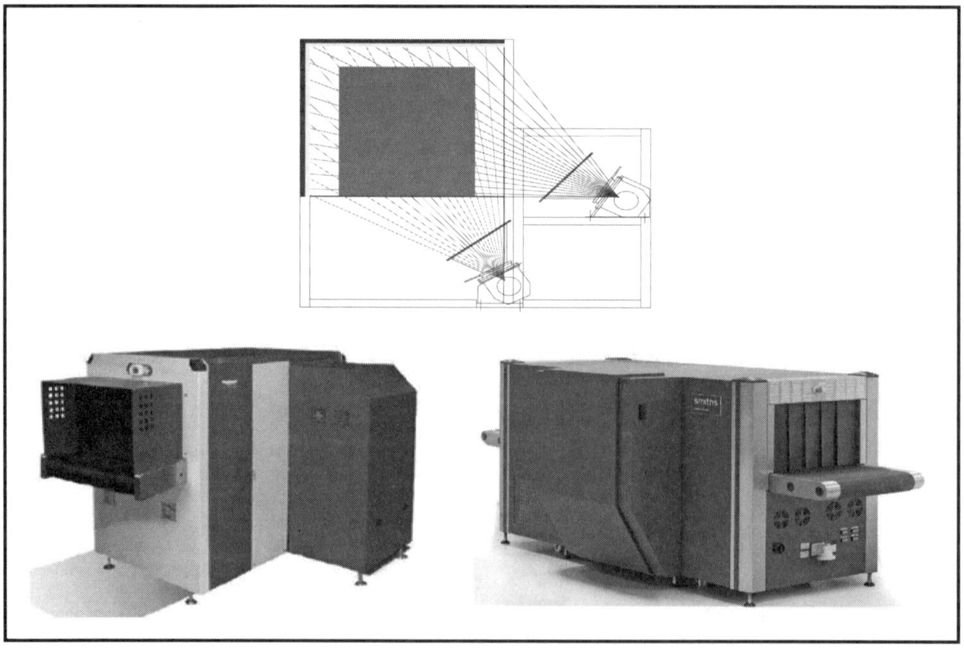

3. 금속탐지기 운용 개념

금속탐지기는 총기나 칼 등과 같이 사람에게 피해를 입힐 수 있는 금속성 물질을 검색하기 위하여 사용된다. 금속탐지기는 철금속 물질과 금, 은, 동과 같은 일부 비철 금속물질을 탐지할 수 있으며, 비금속성 물질은 탐지가 곤란하므로 이를 탐지할 수 있는 방안을 고려할 수 있어야 한다.

금속탐지기는 형태에 따라 문형 금속탐지기와 휴대용 금속탐지기로 구분하여 사용되고 있으며, 문형 금속탐지기는 일정한 장소에 설치하여 문형의 탐지판을 통과하는 사람이 휴대하고 있는 금속성 물질을 검색하기 위하여 사용된다. 휴대용 금속탐지기는 사람의 신체 가까이에 접촉하여 신체 내에 은닉한 금속성 물체를 검색하거나 가방 속에 있는 금속성 물질을 검색하기 위하여 간편하게 사용할 수 있다.

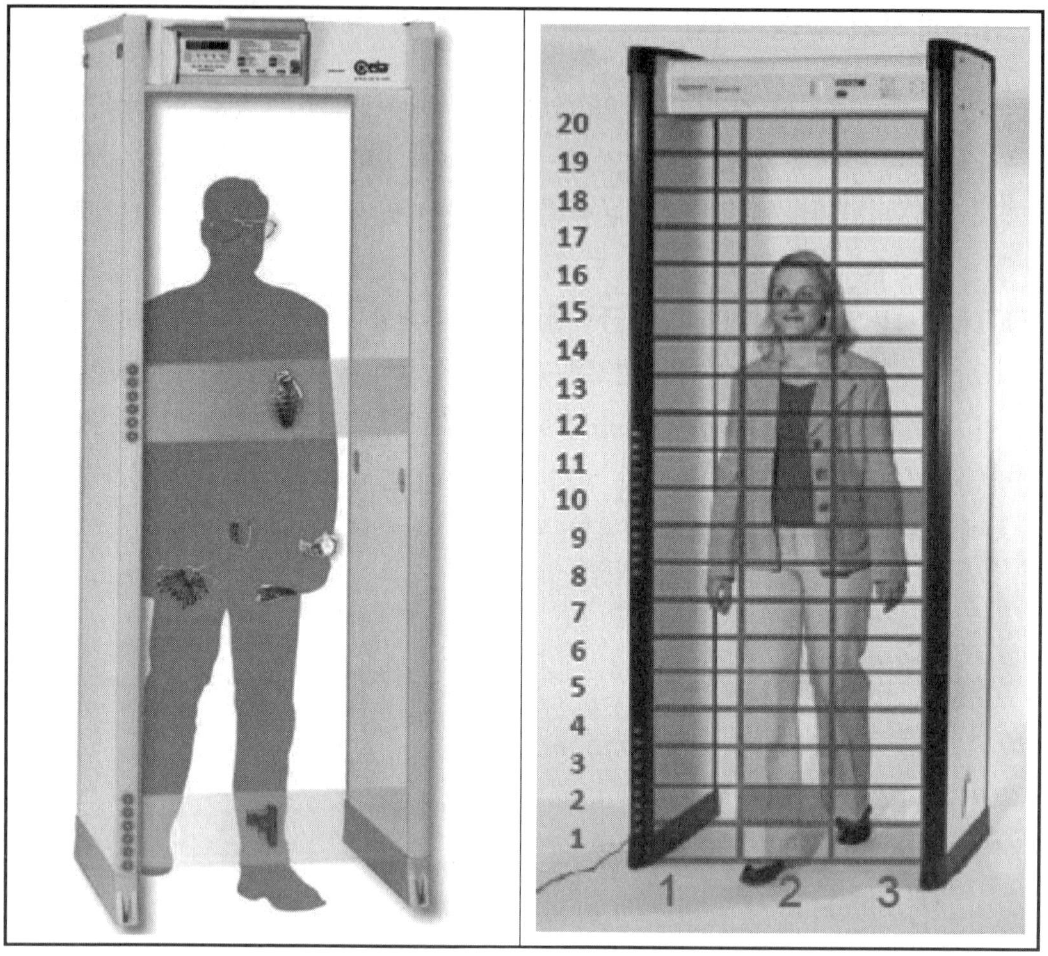

문형금속탐지기의 위치별 탐지형태

4. 금속탐지기의 작동원리

금속탐지기는 주변에 형성된 자기장 내에 금속물체가 통과할 때 유도전류 값이 변화하는 것을 측정하여 금속 물질을 탐지한다. 금속탐지기의 감지부는 송신코일과 수신코일로 이루어져 있으며, 송신코일에 전류가 흐르면 자기장이 발생하고 송신코일에 발생된 자기장으로 인하여 수신코일에는 유도자기장이 발생하며, 수신코일에 발생된 유도자기장으로 인하여 수신코일에는 유도전류가 발생한다.

문형금속탐지기는 송신판넬과 수신판넬로 구성되며, 각각에는 송신코일과 수신코일이 내장되어 있어 수신코일에는 유도전류가 흐른다. 금속물체가 금속탐지기를 통과하면 유도전류가 변하게 되어 이를 전자장치로 감지하여 경보음을 내거나 경보등에 표시하게 된다.

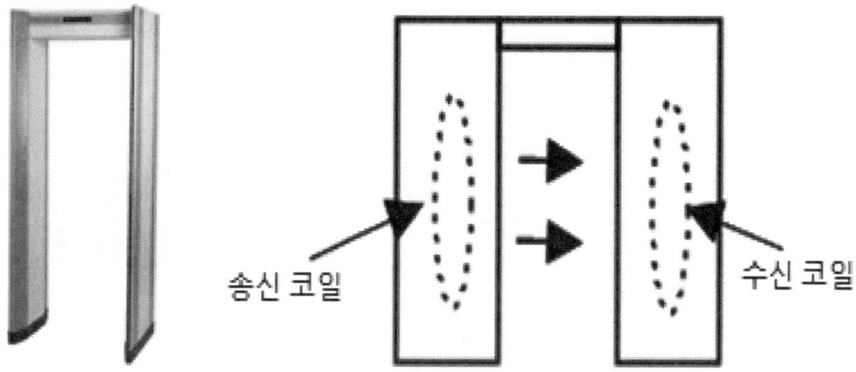

문형금속탐지기 작동원리

문형금속탐지기의 판넬 안에 다수의 송신코일과 수신코일을 내장하여 금속물질이 통과할 때 감지된 수신코일 부위에 장착된 LED를 발광시키게 하여 금속물질의 통과위치를 표시하여 준다.

휴대형 금속탐지기의 감지부 안에는 송신코일과 수신코일이 나란히 위치하고 있으며, 송신코일에 전류를 흘려주면 수신코일에 일정한 유도전류가 흐르게 되고, 금속성 물질이 탐지기의 주위에 접근하면 유도전류의 값이 변화하므로 이를 감지하게 된다.

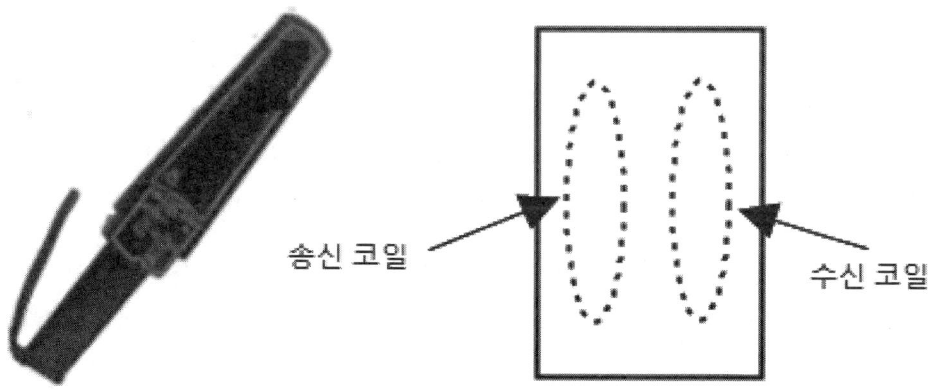

휴대용금속탐지기 작동원리

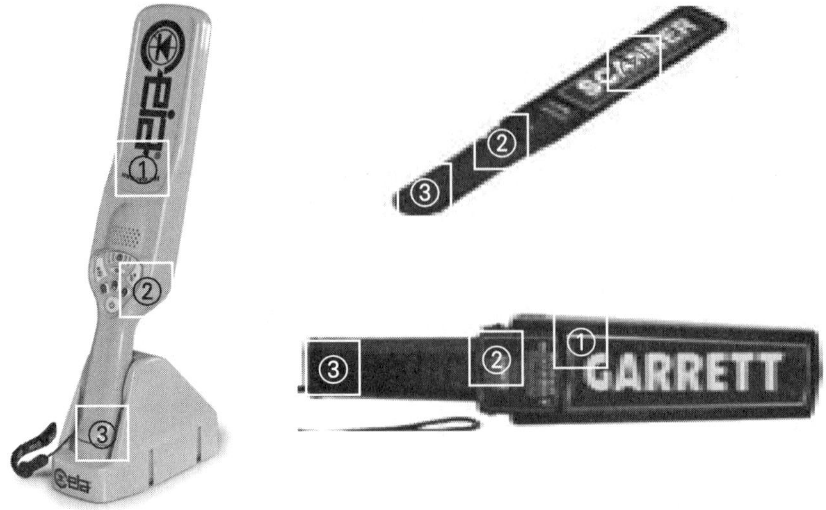

휴대용금속탐지기 형태

5. 금속탐지기 운용

문형 금속탐지기는 시설의 출입구 가까이에 설치하여 운용하며, 상시 출입자의 검색이 요구되는 공항, 정부청사, 국회, 법원, 기업빌딩 등과 같은 장소는 고정적으로 문형금속탐지기가 설치 운용되고 있으나, 일시적으로 실행되는 행사의 안전을 위해 필요시에만 설치하여 사용하기도 한다.

일반적으로 금속탐지기는 X-ray 검색기와 같이 운용되며, 금속탐지기 입장 시 혼잡을 방지하고 효과적인 검색을 위하여 안내요원과 검색요원, X-ray 판독요원, 의심스러운 물품 확인요원 등 검색에 필요한 여러 명이 업무를 분담하여 업무매뉴얼에 근거하여 운영할 수 있어야 한다.

공항의 경우, 보안검색이 면제되는 국가원수와 국제협약에 의하여 보안검색이 면제된 사람 또는 아주 제한적으로 보안검색이 면제되는 외교행낭을 제외한 모든 사람은 예외 없이 보안검색을 받아야 한다. 항공보안법에 근거하여 보안검색을 받는 경우라도 X-ray 검색기와 금속탐지기를 통과하는 사람이 느끼게 되는 불쾌감을 최소화 할 수 있도록 좋은 자세를 보여주는 것이 필요하지만 의심나는 물품은 철저히 확인할 수 있어야 한다.

금속탐지기를 효과적으로 운용하기 위하여 보안근무자의 촉수검색과 휴대용 금속탐지기를 같이 운용하는 것이 좋으며, 보안검색 중 경고음이 발생할 경우 본인이 소지품을 꺼내게 하여 확인하고 가능한 피검자의 몸에 손을 대지 않아야 하며, 휴대용 금속탐지기로 피검자의 신체 부위에 바짝 밀착시켜 검색하는 것도 피하여 서로 논쟁이 발생하지 않도록 주의하여야 한다.

문형금속탐지기를 운용할 경우, 금속탐지기를 통과하는 사람 사이의 간격을 최소한 1m 이상 유지시키고, 휴대용 금속탐지기를 사용하는 경우, 오작동방지를 위하여 문형금속탐지기에서 약 50Cm 이상의 일정한 거리를 유지하는 것이 좋다.

6. 전기검색기 운영

전신검색기(Body Scanner)는 신체에 은닉한 물품을 검색하기 위하여 인체에 직접 고주파(밀리리터파) 등을 투시하여 검색하는 방법으로, 금속탐지기로 검색할 수 없는 플라스틱 무기 및 폭발물 등의 위험물품을 검색하기 위해 사용된다. 전신검색기는 개인의 프라이버시 침해에 대한 논란이 제기되지만 이를 보완하는 방법을 제시하면서 사용이 증가하고 있으며. 사생활 침해 논란을 피하기 위하여 얼굴과 신체의 주요 부위는 희미하게 보이도록 처리하거나 검색된 이미지 저장 및 보관, 출력, 전송 등의 기능을 제한하고 있다[32].

전신검색기 운영을 위하여 검색요원은 피검자에게 전신검색에 따른 사생활보호에 대해 설명할 수 있어야 하고, 전신검색을 원하지 않는 피검자에게 달리 선택할 수 있는 검색방법에 대해 설명할 수 있어야 하며, 근무자가 검색업무 중 지득한 사항은 누설하지 않도록 관리되어야 한다.

전신검색기의 검색방법은 X-ray검색기처럼 관통식 방법과 산란식 방법이 사용되고 있으나 산란식 방법이 주로 사용된다.

전신검색기는 제작사에 따라 다양한 형태로 제작되고 있으며, 산란식 전신검색기의 검색 형태를 보여주는 것으로 검색기에 들어가 팔을 올리고 일정시간이 지나면 모니터에 사람의 이미지가 나오게 된다.

---

32) 개인의 프라이버시 침해 논란을 일으킨 전신검색기는 알몸투시기로 불리며, 우리나라에서는 2010년부터 인천공항 등 국내공항에 도입되어 운용되고 있다.

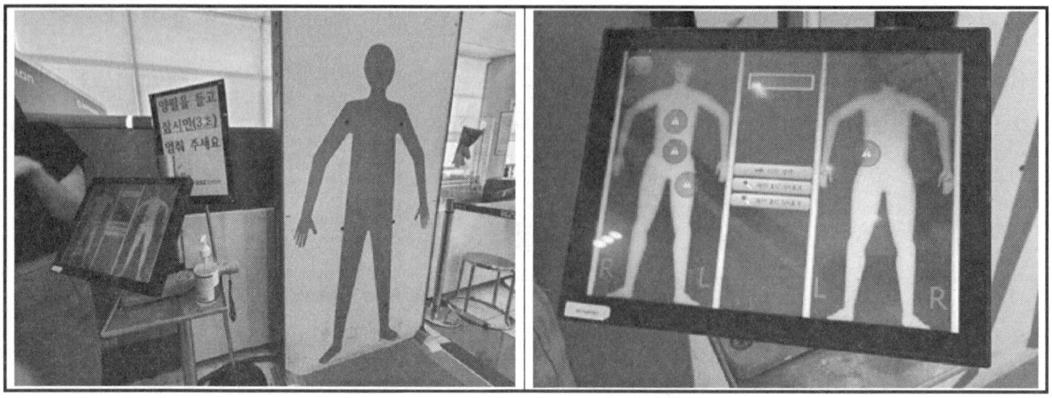

평면형 전신검색기와 모니터화면(예)

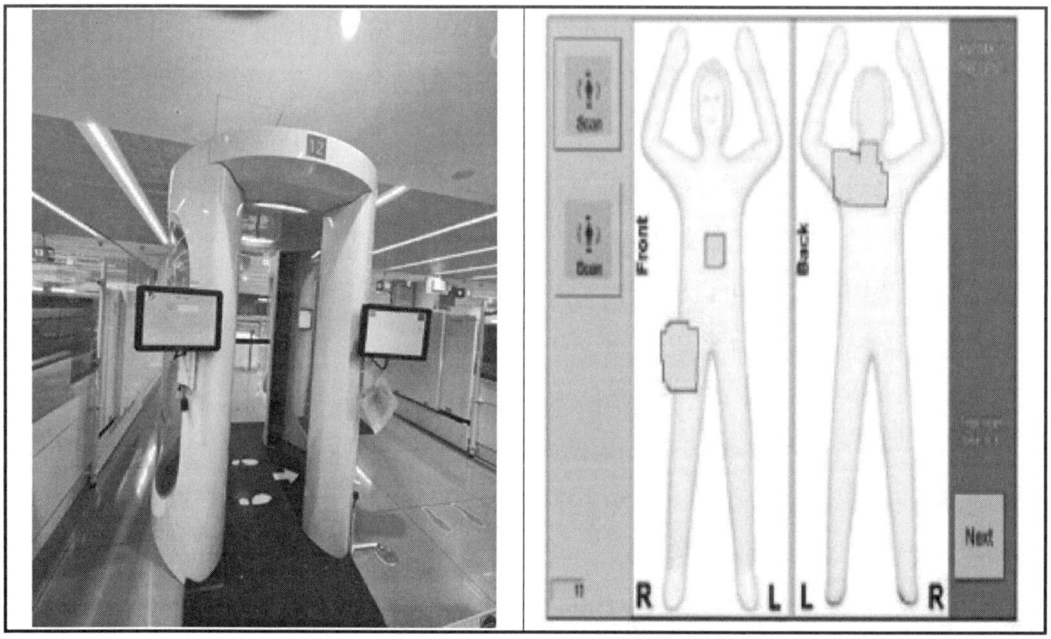

원형 전신검색기와 모니터화면(예)

7. 폭발물흔적탐지기 운영

폭발물흔적탐지기(Explosive Trace Detector)는 X-ray 검색을 마친 물품 중에 폭발물로 의심되는 경우 폭발물흔적탐지기를 이용하여 검색을 하고, 폭발물흔적탐지의 방법은 화학성분을 흡입 화학적인 이온분석 방법 등을 이용 폭발물 또는 폭발성분의 흔적을 탐지하는 장비이다.

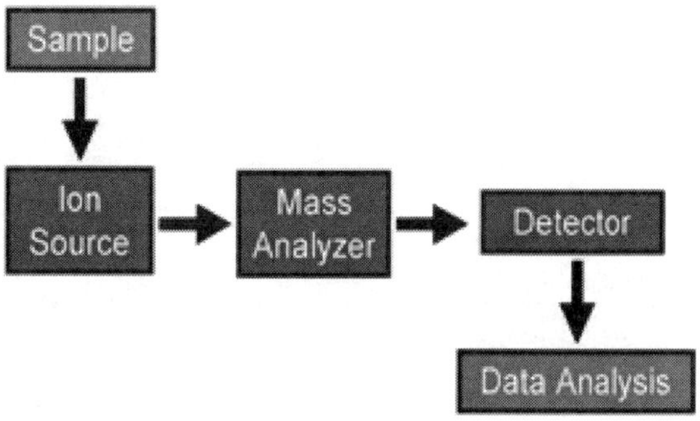

이온분석 프로세스

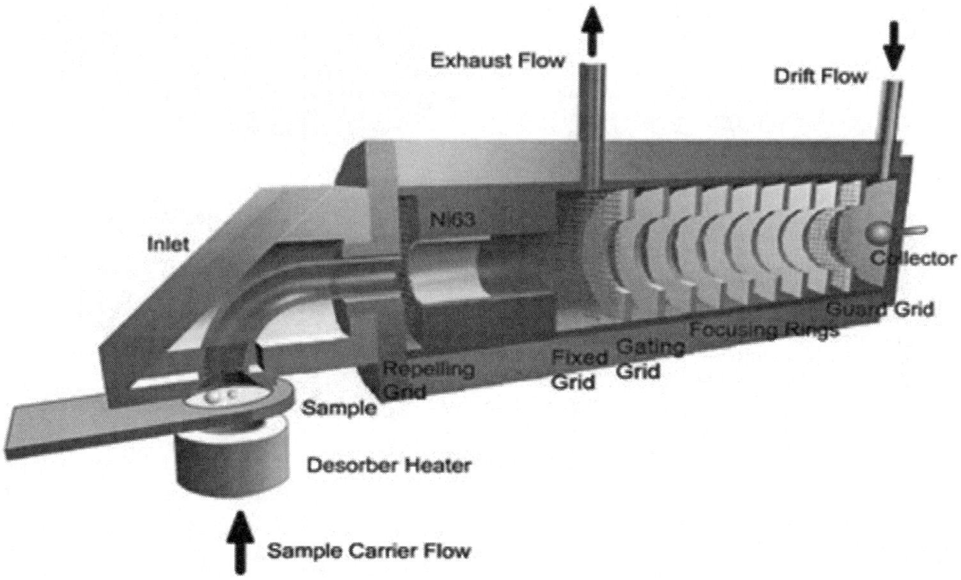

이온분석방식 폭발물흔적탐지기 형태

휴대용 폭발물 흔적 탐지기는 장비를 운영자가 장비를 직접 휴대하여 직접 흡입하여 사용하는 장비로써 배터리를 주전원으로 사용하여 검색한다.

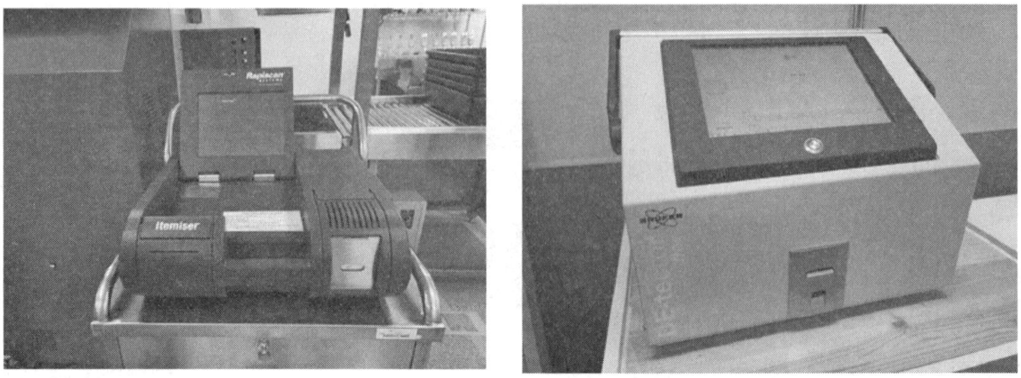

고정형 폭발물흔적탐지기 형태

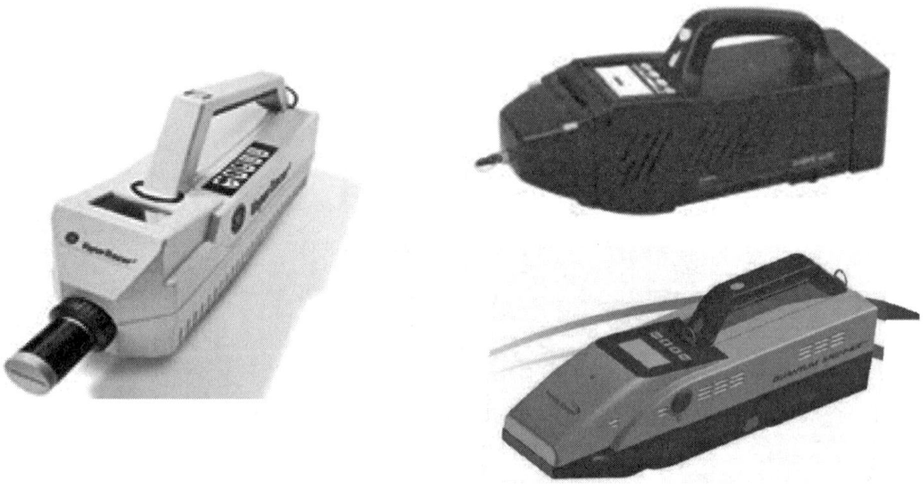

휴대용 폭발물흔적탐지기 형태

8. 액체폭발물탐지기

액체폭발물 탐지기란 액체폭탄과 폭발물 원료, 폭발성 및 휘발성이 있는 물질, 일정 용기 이상의 화학제품 등 위험성을 사전에 탐지하는 장비이며, 고정형 액체폭발물탐지기와 휴대용 액체폭발물탐지기가 사용된다.

고정형 액체폭발물탐지기의 형태

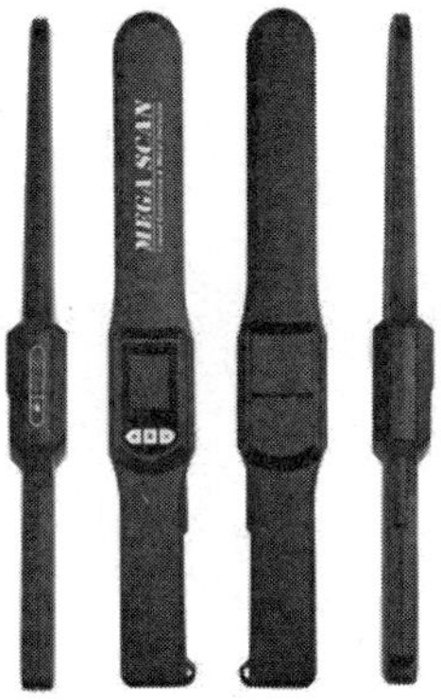

휴대용 액체폭발물탐지기의 형태

〈참고문헌〉

- ICAO ANNEX 17(SECURITY)
- ICAO SECURITY MANUAL(Doc 8973)
- 기계경비개론(정태황, 백산출판사)
- 경호장비의 이해(정태황, 백산출판사)
- 항공보안 법규해설(소대섭, 진영사 2018)
- 항공보안개론(고광남 · 장경태 · 소대섭 공저, 진영사 2019)
- 보안검색론(고광남 · 소대섭, 진영사 2018)
- 보안검색장비론(고광남 · 김규성 · 소대섭 공저, 진영사 2020)
- 항공보안법, 시행령, 시행규칙
- (국토교통부) 국가항공보안계획
- (국토교통부) 국가항공보안 우발계획
- 통합방위법, 시행령
- 통합방위법, 시행령
- 경찰관직무집행법, 시행령
- 국제항해선박 및 항만시설의 보안에 관한 법률, 시행령, 시행규칙
- 철도안전법, 시행령, 시행규칙
- 경비업법, 시행령, 시행규칙
- 청원경찰법, 시행령, 시행규칙
- (국가정보원) 국가보안시설 및 보호장비 관리지침
- (국토교통부 고시) 액체 · 분무 · 겔류 등 항공기내 휴대반입금지물질 운영기준
- (국토교통부 고시) 항공기 내 반입금지 위해물품
- (국토교통부 고시) 항공보안장비 종류, 운영 및 유지관리에 관한 기준
- (국토교통부 고시) 항공보안장비 성능인증 및 성능검사 기준
- (국토교통부 고시) 항공보안장비 시험기관 지정 및 운영 등에 관한 규정
- (국토교통부 예규) 국가 민간항공보안 교육훈련지침
- 총포 · 도검 · 화약류 등의 안전관리에 관한 법률

저자 약력

■ 정태황

現 한서대학교 항공보안학과 교수(공학박사)
現 정부청사 보안진단 · 평가위원장(정부청사관리본부)
現 국가주요시설 방호자문(산업통상자원부)
現 재난안전기술 수준평가 위원(과학기술정보통신부)
前 G-20 정상회의 안전자문(대통령경호처)
前 문화재 도난방지시스템 자문(문화재청)
前 에스원 등 다수 보안전문회사 자문
前 대통령경호처 경호사무관

저서

기계경비개론(정태황, 백산출판사)
항공보안학(공저, 박영사)
산업보안학(공저, 박영사)
산업기술보호론(공저, 법문사)
경호실무론(정태황, 백산출판사)
경호장비의 이해(정태황, 백산출판사)

■ 소대섭

現 한서대학교 항공보안학과 교수(이학박사)
現 국가정보원 테러정보통합센터 대테러정책위원
現 (사) 대한민국 항공보안협회 이사
現 (사) 한국항공보안학회 이사
現 (사) 한국항공교통학회 이사
現 (사) 한국재난안전정책개발연구원 원장
前 인천국제공항공사 항공보안교육원 부원장 및 전임교관
前 인천국제공항공사 부장

저서

항공보안론(고광남 · 소대섭 공저, 백산출판사 2006)
항공보안법규(대한민국항공보안협회 편저, 진영사 2015)
항공보안 법규해설(소대섭, 진영사 2018)
보안검색론(고광남 · 소대섭, 진영사 2018)
항공보안개론(고광남 · 장경태 · 소대섭 공저, 진영사 2019)
항공사보안론(장경태 · 소대섭 공저, 진영사 2019)
보안검색장비론(고광남 · 김규성 · 소대섭 공저, 진영사 2020)
항공보안수준관리론(장경태 · 소대섭 공저, 진영사 2021)

■ 박준혁

現 인천국제공항공사 항공보안처 근무
용인대학교 경호학 석사 및 경호학 박사학위
現 (사) 한국드론시큐리티연구학회 경기지회장
現 (사) 대한민국 항공보안협회 교육부국장
現 (사) 한국항공보안학회 이사
現 (사) 한국치안행정학회 이사